"十四五"职业教育国家规划教材

高等院校
数字艺术精品课程系列教材

第2版—微课版

3ds Max+VRay
室内设计效果图表现实例教程

邸锐 郭艳云 编著

人民邮电出版社

北　京

图书在版编目（CIP）数据

3ds Max+VRay室内设计效果图表现实例教程：微课
版 / 邸锐，郭艳云编著. -- 2版. -- 北京：人民邮电
出版社，2023.7
高等院校数字艺术精品课程系列教材
ISBN 978-7-115-59663-5

Ⅰ. ①3… Ⅱ. ①邸… ②郭… Ⅲ. ①室内装饰设计－
计算机辅助设计－三维动画软件－高等学校－教材 Ⅳ.
①TU238-39

中国版本图书馆CIP数据核字（2022）第118157号

内 容 提 要

本书以 3ds Max、VRay、Photoshop 为背景编写。全书共分为两篇：第 1 篇为 3ds Max+VRay 基础篇，包括认识计算机效果图、初识 3ds Max 2020、二维图形建模、放样(Loft)建模、复合建模与修改器建模、VRay 简介与染参数解析、VRay 材质与灯光表现；第 2 篇为 3ds Max +VRay + Photoshop 项目实训篇，包括 3ds Max 室内空间场景建模、现代简约风格客厅空间效果图表现、办公大堂空间效果图表现、现代风格酒店大堂空间效果图表现、复古茶馆室内效果图后期处理等内容。

本书内容丰富、结构清晰、技术性强，可作为室内设计、建筑设计、展示设计、景观设计、家具设计等专业设计师的学习参考书，也可作为本科、高职高专院校环境设计类专业学生的入门参考书。

♦ 编　著　邸　锐　郭艳云
　　责任编辑　桑　珊
　　责任印制　焦志炜

♦ 人民邮电出版社出版发行　　北京市丰台区成寿寺路 11 号
　邮编　100164　　电子邮件　315@ptpress.com.cn
　网址　https://www.ptpress.com.cn
　天津市银博印刷集团有限公司印刷

♦ 开本：787×1092　1/16
　印张：13.5　　　　　　　　　2023 年 7 月第 2 版
　字数：353 千字　　　　　　　2024 年 12 月天津第 7 次印刷

定价：79.80 元

读者服务热线：(010)81055256　印装质量热线：(010)81055316
反盗版热线：(010)81055315
广告经营许可证：京东市监广登字 20170147 号

3ds Max+VRay

3ds Max 是 Discreet 公司（Autodesk 公司的子公司）开发的基于个人计算机（Personal Computer，PC）系统的三维动画渲染和制作软件，其前身是基于 DOS 的 3D Studio。3ds Max 基于 PC 系统的低配置要求，可安装插件以扩展并增强原本的功能，具有可堆叠的建模步骤，使模型制作有非常大的弹性，因此广泛应用于广告、影视、工业设计、建筑设计、三维动画、多媒体制作、游戏、辅助教学及工程可视化等领域。VRay 是由 Chaos Group 和 ASGVIS 公司出品，在中国由曼恒公司负责推广的一款高质量渲染器，是目前业界最受欢迎的渲染器之一。基于 VRay 内核开发的渲染器有 VRay for 3ds Max、Maya、SketchUp、Rhino 等诸多版本，为不同领域的建模软件提供了高质量渲染效果。VRay 渲染器提供了一种特殊的材质——VRayMtl，在场景中使用该材质能够获得更加准确的物理照明、更快的渲染速度，对反射和折射参数的调节也更方便。目前，3ds Max 和 VRay 都正向着更加智能化与多元化的方向发展。

本书是以 3ds Max、VRay、Photoshop 为背景编写的室内设计效果图制作基础入门教材，根据高等职业教育环境设计类专业的人才培养目标和职业岗位能力要求进行编写。本书尽量减少理论部分的讲解，通过不同的项目实例来介绍软件的强大功能，编写思路清晰，注重循序渐进、图文并茂、繁简得当、训练充分，符合教育教学规律。

本书全面贯彻党的二十大精神，以社会主义核心价值观为引领，传承中华优秀传统文化，坚定文化自信，使内容更好体现时代性、把握规律性、富于创造性。

本书由广州番禺职业技术学院邸锐策划、制订编写提纲并承担了项目 1 至项目 8 以及项目 12 的编写工作，广州番禺职业技术学院郭艳云承担了本书项目 9 至项目 11 的编写工作。广州卓艺设计顾问有限公司董事长韦杰、广州明思卓域装饰设计工程有限公司董事长崔伟明对本书的再版提供了宝贵的建议。

本书总学时为 90 学时，教学周期为 6 ~ 9 周。其中，第 1 篇的总学时为 36 学时，拓展实训占 18 学时；第 2 篇的总学时为 54 学时，拓展实训占 36 学时。

为方便教师和学生使用，本书提供了书中全部案例的场景文件、材质贴图、光域网、材质球等教学资源，读者可通过人邮教育社区（www.ryjiaoyu.com）免费下载使用。

本书编者长期从事计算机效果图教学和专业项目实践，有丰富的教学和实践经验，但由于水平有限，书中难免会有疏漏之处，欢迎广大读者提出宝贵意见。

编 者
2023 年 5 月于广州

3ds Max+VRay

CONTENTS ———————— 目 录

第 1 篇 3ds Max+VRay 基础篇

3ds Max+VRay

3ds Max+VRay

CONTENTS ——————— 目 录

第 2 篇　3ds Max+VRay+Photoshop 项目实训篇

3ds Max+VRay

3ds Max+VRay

CONTENTS ———————— 目 录

第 1 篇

3ds Max+VRay 基础篇

项目1

认识计算机效果图

01

在室内设计工程中，业主大都不具备丰富的设计知识和装修知识，设计师靠平面图和手绘效果图很难与业主充分沟通设计构思，这时，计算机效果图就能"大显身手"了。计算机效果图通过对室内的造型、结构、色彩、质感等的表现，能较为真实地展现设计师的创意，帮助业主直观地看到设计的效果。因此，计算机效果图设计已经成为设计行业的重要分支，也是设计专业学生需要掌握的核心技能之一。

那些可与装修实景图媲美的计算机效果图是如何制作出来的呢？

计算机效果图有哪些风格分类？

设计行业中流行用哪些软件来制作计算机效果图？

让我们一起通过本项目初步认识计算机效果图。

课堂学习目标

1. 了解什么是计算机效果图
2. 了解计算机效果图的制作流程
3. 了解计算机效果图的分类
4. 了解制作计算机效果图的常用软件

1.1 计算机效果图简介

计算机效果图是借助计算机专业软件制作的设计表现图，它是设计语言的一种表达方式，具有真实感和灵活性。要绘制计算机效果图，设计人员不仅需要掌握相应的建筑及室内设计等方面的知识，还需要熟练运用相关软件。计算机效果图是设计师表现其灵感、创意的必备工具，绘制计算机效果图也是设计师需要掌握的一项基本专业技能，图1-1、图1-2所示就是借助软件绘制出的效果图。

图 1-1 中餐厅效果图

图 1-2 咖啡吧效果图

目前，空间设计行业常用的效果图绘制软件包括 3ds Max、VRay、Photoshop、SketchUp 等。常见组合为 3ds Max+VRay+Photoshop 和 SketchUp+VRay+Photoshop，前者常用于小型空间设计方案演示、项目方案深化与最终表现等，渲染时间偏长，后者常用于设计方案的空间分析与推导、大中型空间设计方案演示等。在计算机效果图制作过程中，3ds Max 和 SketchUp 常用于场景空间的建模，VRay 作为效果图渲染插件常用于材质、灯光等参数的设置，Photoshop 常用于效果图的后期制作。

1.2 计算机效果图制作流程

计算机效果图的制作流程通常包括以下几个步骤，如图1-3所示。

（1）分析场景的设计风格与灯光构成，对最终效果有一个整体把握。

（2）运用 3ds Max 或 SketchUp 进行模型制作，并运用模型的导入与合并丰富场景。

（3）分析场景材质构成与属性，运用 VRay 渲染器进行材质铺贴。

（4）分析场景灯光构成，运用制图软件进行灯光设定，完成效果图氛围的营造。

（5）调整 VRay 渲染器的渲染设置面板中的参数，进行测试渲染，并反复调整材质与灯光属性。

（6）调整 VRay 渲染器相应渲染设置面板中的参数，并进行成图渲染。

（7）运用 Photoshop 进行效果图后期处理，完成最终效果图。

计算机效果图制作流程

分析常见的设计风格与灯光构成 ➡ 模型制作并运用模型的导入与合并丰富场景 ➡ 分析场景材质进行 VRay 材质设置 ➡ 分析场景灯光构成并进行灯光设置 ➡ 调整 VRay 渲染器的渲染设置面板中的参数，进行测试渲染，并反复调整材质与灯光属性 ➡ 调整 VRay 渲染器相应渲染设置面板中的参数，并进行成图渲染 ➡ 运用 Photoshop 进行效果图后期处理，完成最终效果图

图 1-3　计算机效果图制作流程

1.3　计算机效果图的分类

1. 按设计风格分类

计算机效果图按设计风格可分为欧式风格、中式风格、现代风格及其他风格。

欧式风格包括古典欧式风格、现代欧式风格、田园欧式风格等，如图 1-4、图 1-5 所示。

图 1-4　欧式风格卧室效果图

图 1-5　欧式风格客厅效果图

中式风格包括传统中式风格、现代中式风格等，如图 1-6、图 1-7 所示。

图 1-6　中式风格大堂接待处效果图

图 1-7　中式风格客厅效果图

现代风格如图 1-8、图 1-9 所示。

图 1-8　现代风格客厅效果图（1）　　　图 1-9　现代风格客厅效果图（2）

其他风格包括地中海风格、西班牙风格、巴厘岛风格、非洲风格、伊斯兰风格、法式乡村风格、美式风格等。

2. 按模拟环境（一天 24 小时的日照情况）分类

计算机效果图按模拟环境可分为日景氛围效果图、黄昏氛围效果图和夜景氛围效果图等。

日景氛围效果图主要模拟太阳光，展现室内照明的效果，如图 1-10 所示。

图 1-10　客厅日景氛围效果图

黄昏氛围效果图环境光色调偏暖，利于烘托场景氛围，如图 1-11、图 1-12 所示。

图 1-11　酒店客房黄昏氛围效果图　　　图 1-12　休闲吧黄昏氛围效果图

夜景氛围效果图环境光偏暗，主体灯光为整个场景的重点，如图 1-13、图 1-14 所示。

图 1-13　酒店走廊夜景氛围效果图

图 1-14　餐厅包间夜景氛围效果图

1.4 常用软件

1. 多功能三维制作软件 3ds Max

3ds Max 是目前世界上最流行的三维图像处理软件之一，由 Discreet 公司推出。从最初在 DOS 下运行的 3D Studio（3ds Max 的前身）到现在在 Windows 操作系统下运行的 3ds Max，3ds Max 一直是计算机图学（Computer Graphics，CG）领域的领军者。3ds Max 犹如一个大的容器，将建模、渲染、动画制作、影视后期处理等功能融为一体，为设计人员提供了一个多功能的操作平台。图 1-15 所示为 3ds Max 2020 的启动界面。

图 1-15　3ds Max 2020 启动界面

2. 三维设计软件 SketchUp

SketchUp 又称草图大师，是一款直接面向空间设计方案创作的设计工具，它既可以快速利用草图生成概念模型，又能基于图纸创建尺寸精准的设计模型。它还可以流畅地与 AutoCAD、ArchiCAD、3ds Max、VRay、Piranesi 等制图软件进行衔接。SketchUp 已经成为建筑设计、景观设计、室内设计等空间设计行业不可缺少的得力助手。

3. 图像处理软件 Photoshop

Photoshop 是 Adobe 公司旗下最出名的图像处理软件之一，也是目前最受欢迎的图像处理软件之一。它集图像扫描、图像制作、图像编辑与修改、图像输入与输出于一体，深受广大平面设计人员和计算机美术爱好者的喜爱。

4. VRay 渲染器

VRay 是一款能够运行在多种三维程序环境中的强大渲染器，它由 ChaosGroup 公司开发，虽然在发布时三维渲染市场中已经有了 Lightscape、Mental Ray、finalRender、Maxwell 等渲染器，但 VRay 凭借其良好的兼容性、易用性和逼真的渲染效果成为渲染界的后起之秀。

VRay 渲染器有如下优点。

（1）渲染的真实性。通过简单的操作及参数设定，能得到阴影与材质表现真实的照片级效果图。

（2）适用的全面性。作为插件，VRay 目前针对不同的三维制作软件（包括 SketchUp、3ds Max、Maya、Cinema 4D、Rhion、Truespace 等）有不同的版本，可运用于室内设计、建筑设计、景观规划设计、工业设计和动画设计等设计领域。

（3）渲染的灵活性。由于参数可灵活设定，因此可根据设计要求有效控制渲染质量与速度，针对不同的设计阶段及要求进行渲染出图。

5. 其他渲染器简介

（1）Enscape

Enscape 是一个商业实时渲染和虚拟现实渲染器，主要应用于工程和建筑领域，由 Enscape 公司开发和维护。Enscape 作为一个实时渲染器，支持 Revit、SketchUp、Rhino、ArchiCAD 等软件。Enscape 渲染效果如图 1-16、图 1-17 所示。

图 1-16 Enscape 渲染效果（1）

图 1-17 Enscape 渲染效果（2）

（2）Mental Ray

Mental Ray 是 Mental Image 公司（NVIDIA 公司的全资子公司）的产品，这是一个将光线追踪算法推向极致的产品。利用这一渲染器可以实现反射、折射、焦散、全局光照明等效果。Mental Ray 在电影领域得到了广泛的应用和认可，被认为是市场上最高级的三维渲染解决方案之一，Mental Ray 渲染效果如图 1-18、图 1-19 所示。

图 1-18 Mental Ray 渲染效果（1）

图 1-19 Mental Ray 渲染效果（2）

（3）Brazil

Brazil 渲染器是由 SplutterFish 公司在 2001 年发布的，其前身为大名鼎鼎的 Ghost 渲染器。Brazil 渲染器凭借其优秀的全局照明、强大的光线追踪的反射和折射、强大的焦散效果、逼真的材质和细节处理能力成了一个渲染器的"奇迹"。Brazil 渲染器的弊端在于速度太慢，对动画设计、CG 角色设计、室内设计和建筑设计等来说工作效率不高。目前，Brazil 渲染器比较流行于工业设计中的产品渲染，产品渲染强调质感的表达。Brazil 渲染效果如图 1-20、图 1-21 所示。

图 1-20　Brazil 渲染效果（1）　　　　　　图 1-21　Brazil 渲染效果（2）

（4）finalRender

finalRender 是著名的插件公司 Cebas 推出的产品，它在 3ds Max 中以独立插件的形式存在。finalRender 是主流渲染器之一，拥有接近真实的全局渲染能力、优秀的光能传递效果、真实的衰减模式、优秀的反真实渲染能力、饱和且特别的色彩系统及多重真实材质。finalRender 渲染效果如图 1-22 所示。

图 1-22　finalRender 渲染效果

（5）RenderMan

RenderMan 是著名的动画公司 Pixar 开发的用于电影及视频领域的渲染器。它具有强大的 shader 功能和抗模糊功能，能够帮助设计师创造出复杂多变的动作。RenderMan 渲染效果如图 1-23、图 1-24 所示。

图 1-23　RenderMan 渲染效果（1）　　　　　图 1-24　RenderMan 渲染效果（2）

（6）Maxwell

Maxwell 是 Next Limit 公司的产品。Maxwell 按照精确的算法和公式来重现光线的行为，拥有先进的 Caustics 算法、完全真实的运动模糊、相当不错的渲染效果，是渲染领域的生力军，渲染效果如图 1-25、图 1-26 所示。

图 1-25 Maxwell 渲染效果（1）

图 1-26 Maxwell 渲染效果（2）

（7）Lumion

Lumion 是一款实时的 3D 可视化工具，由 Act-3D 公司开发，主要用于制作电影和静帧作品，涉及的领域包括建筑、规划和设计，它还可以用于现场演示。Lumion 的强大之处在于它能够直接在计算机上创建虚拟现实场景，并将工作流程结合在一起，能为用户节省大量时间、精力和金钱。Lumion 渲染效果如图 1-27、图 1-28 所示。

图 1-27 Lumion 渲染效果（1）

图 1-28 Lumion 渲染效果（2）

项目小结

本项目对计算机效果图进行了简要介绍，包括计算机效果图应用领域、计算机效果图的制作流程、计算机效果图的分类、制作计算机效果图的常用软件等内容。

拓展实训

（1）搜集计算机效果图优秀作品，并进行分类；充分理解计算机效果图常见分类的特点，为后面学习计算机效果图制作奠定基础。

（2）安装 3ds Max 2020 和 VRay 渲染器。（提示：VRay 渲染器的系统文件必须安装在 3ds Max 系统文件子目录下。）

项目 2

初识 3ds Max 2020

02

目前，3ds Max 已经成为室内设计、建筑设计、展示设计、景观设计等空间设计行业和影视动画行业不可缺少的得力助手，其工作模式为设计人员带来了极大的便利。

怎么启动 3ds Max 并设置好基本的绘图环境，为后续使用软件做好准备呢？

如何用基础建模的各种方法创建常见事物的模型？

设计过程中常用的系统属性和模型信息如何设置？

本项目就让我们一起以 3ds Max 2020 为例（其他版本操作类似），熟悉 3ds Max 的基本操作。

课堂学习目标

1. 掌握 3ds Max 2020 的启动方法

2. 了解 3ds Max 2020 操作界面的构成

3. 掌握 3ds Max 2020 基础建模流程

4. 掌握 3ds Max 2020 常用的修改和编辑操作

2.1 启动 3ds Max 2020

在计算机桌面上双击"Autodesk 3ds Max 2020"图标，在初始化启动过程中将显示图 1-15 所示的启动界面。第一次进入 3ds Max 2020，将显示一个包含 Autodesk 公司通过互联网提供的软件学习视频的对话框，取消勾选左下角"在启动时显示该对话框"复选框，关闭对话框，下次启动将不再显示此对话框。

2.2 3ds Max 2020 操作界面

3ds Max 2020 的操作界面如图 2-1 所示，其中主要包括菜单栏、工具栏、视图区、命令面板、状态栏（提示栏）、动画控制区、视图导航区等部分，用户可以根据个人习惯调整界面布局。本节主要介绍菜单栏、工具栏、视图区和命令面板。

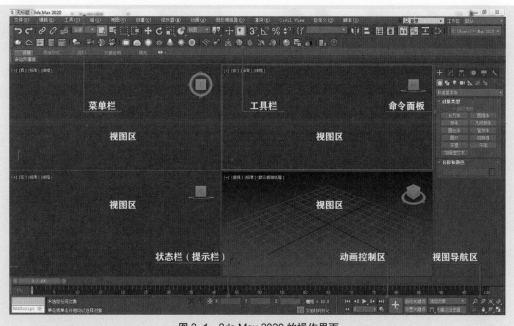

图 2-1　3ds Max 2020 的操作界面

1. 菜单栏

菜单栏位于操作界面的最上方，包括"文件""编辑""工具""组""视图""创建""修改器""动画""图形编辑器""渲染""Civil View""自定义""脚本"13 个菜单，如图 2-2 所示。将鼠标指标移到菜单项上单击，即可展开该菜单项的下拉菜单。

图 2-2　3ds Max 2020 的菜单栏

2. 工具栏

工具栏位于菜单栏下方，包括各种常用工具的快捷按钮。在 1280 像素 ×1024 像素显示分辨率下，工具栏可以完整显示，如图 2-3 所示。如果显示器的分辨率低于上述分辨率，则工具栏显示不完整，部分工具隐藏于屏幕外。将鼠标指针移到工具栏空白处，当鼠标指针呈手形标记时，按住鼠标左键左右滑动，可将隐藏的工具显示出来。

图 2-3　3ds Max 2020 的工具栏

工具栏中的按钮及下拉列表如表 2-1 所示。

表 2-1　3ds Max 2020 工具栏中的按钮及下拉列表

按钮 / 下拉列表	名称	功能说明
	撤销	单击此按钮，取消最近一次的操作，可以连续执行多次
	重做	恢复最近一次取消的操作
	连接并链接	将两个对象链接起来，使其产生从属的层次关系
	取消链接选择	取消对象的链接关系，使子对象独立
	绑定到空间扭曲	将选定的对象绑定到空间扭曲对象上，使其受扭曲对象的影响
	"选择过滤器"下拉列表	通过分类设置以限定可被选择对象的类型。视口中的对象重叠、场景复杂时，使用此工具可以快速选所需对象
	选择对象	直接选择对象，被选择的对象显示为白色
	按名称选择	单击此按钮，弹出列表框，场景中全部对象的名称列于列表框中，可按对象名进行选择
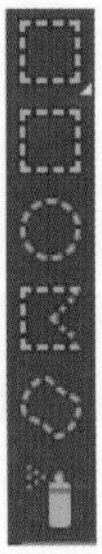	区域选择工具组	"矩形选择区域"工具▦：使用鼠标指针在视图中画出矩形选框选择对象。 "圆形选择区域"工具◯：使用鼠标指针在视图中画出圆形选框选择对象。 "多边形选择区域"工具▨：使用鼠标指针在视图中连续单击画出多边形选框选择对象。 "曲线选择区域"工具◌：按住鼠标左键在屏幕画出曲线选框选择对象。 "连续选择区域"工具▮：在屏幕上出现一个圆，按住鼠标左键移动可增加选择的对象。 各区域选择工具与对象的关系由"窗口"和"交叉"两种方式控制（见下一行）

12

按钮 / 下拉列表	名称	功能说明
	窗口 / 交叉	窗口：全部位于框内的对象才被选中。 交叉：位于框内的对象和与边框相交的对象都被选中
	"选择并移动"工具	在视图中选择并移动对象
	"选择并旋转"工具	在视图中选择并旋转对象
	缩放工具组	在视口中缩放对象，包括"选择并均匀缩放"工具 、"选择并非均匀缩放"工具 和"选择并挤压"工具
	"参考坐标系"下拉列表	选择各种变换工具使用的参考坐标系
	变换中心工具组	选择对象进行变换时设置坐标中心，包括"使用轴点中心"工具 、"使用选择中心"工具 和"使用变换坐标中心"工具
	选择并操纵	使用操纵器这一特殊的辅助对象对物体进行参数修改和变换操作
	键盘快捷键覆盖切换	指定给功能的快捷键与指定给主用户界面的快捷键之间存在冲突时，可启用"键盘快捷键覆盖切换"，以功能快捷键为先
	捕捉开关工具组	启动后可在绘图时捕捉到特定的点，包括"2D 捕捉"工具 、"2.5D 捕捉"工具 、"3D 捕捉"工具 。单击鼠标右键可打开"栅格和捕捉设置"窗口进行相应设置
	角度捕捉切换	旋转变换时按设定的增量递加。单击鼠标右键可打开角度捕捉对话框进行设置
	百分比捕捉切换	进行缩放变换时按设定的百分比递加。单击鼠标右键可打开相应对话框进行设置
	微调器捕捉切换	单击该按钮后，单击微调器箭头时，参数值将按设置的增量递加。单击鼠标右键可打开相应对话框设置微调增量

14

按钮 / 下拉列表	名称	功能说明
	管理选择集	单击该按钮可打开命名选择集对话框，编辑已命名的选择集。利用该按钮右侧的列表框进行选择集的命名
	镜像	使选择的对象产生对称变换，在打开的对话框中确定镜像的方向轴或坐标平面，同时选择复制、不复制、关联复制、参考复制等镜像模式，还可设置偏移量
	对齐工具组	"对齐"工具 ![]: 将选定的对象与另一对象按指定的方式对齐。 "快速对齐"工具 ![]: 沿 3 个方向对齐对象。 "法线对齐"工具 ![]: 将选定对象与另一对象沿法线方向对齐。 "放置高光"工具 ![]: 将自由聚光灯对齐对象的指定点，使其在该处产生高光。 "对齐摄影机"工具 ![]: 将自由摄影机对齐选定的对象。 "对齐到视图"工具 ![]: 将所选择对象的轴线对齐指定视图
	场景资源管理器	打开场景资源管理器
	层资源管理器	单击该按钮打开图层管理对话框进行图层操作，可将不同类别的对象设在同一图层，对每一层单独进行隐藏、冻结、渲染等操作
	显示功能区	单击该按钮显示功能区
	曲线编辑器	打开曲线编辑器，在轨迹视窗内编辑动画设置的相关曲线
	图解视窗	打开图解视窗，进行动画设置
	材质编辑器	打开材质编辑器，进行材质编辑和贴图设置
	渲染设置	打开渲染设置窗口，进行渲染参数的设置
	渲染帧窗口	打开渲染帧窗口
	快速渲染	按渲染设置参数和选定的类别进行快速渲染
	在线渲染	按渲染设置参数和选定的类别进行在线渲染

3. 视图区

视图区是 3ds Max 的工作区域，位于屏幕中部，标准视图配置为均匀分布的 4 个视图，如图 2-4 所示。顶视图（也称俯视图、水平投影或平面图）显示从上往下看到的对象的形态（称为俯视图或水平投影、平面图），前视图（也称为主视图、正面投影或立面图）显示从前向后看到的对象的形态，左视图（也称左视图、侧面投影、或左立面图）显示从左向右看到的对象的形态。在以上3种视图中，对象的轴线平行或垂直于坐标面，因此这3种视图一般称为正交视图。透视视图是系统默认的摄像机视图，具有较强的立体感（属于中心投影）。

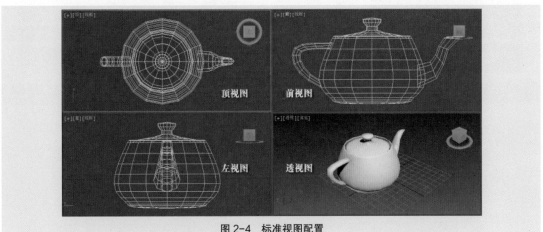

图 2-4　标准视图配置

（1）视图的配置

视图的位置和数量可以根据需要进行配置，具体步骤如下。

① 单击视图区左上角"+"按钮，在弹出的菜单中选择"视口配置"选项。

② 在打开的"视口配置"对话框中选择图 2-5 所示的"布局"选项卡。

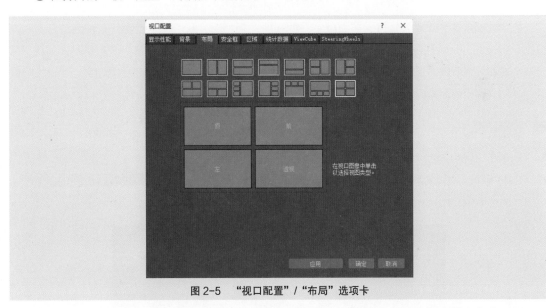

图 2-5　"视口配置"/"布局"选项卡

③ 从中可以看到有 14 种视口布局方式，可根据需要选择视图及不同的位置搭配方案，图 2-6 所示为不同的视图布局方案。

（2）视图区的大小变化

将鼠标指针放在视图边线相交点或边界处，鼠标指针变为 4 个方向或双向的箭头形状，此时按住鼠标左键拖曳可改变视图的大小，如图 2-7 所示。若要恢复标准配置，单击鼠标右键并选择"重置布局"命令即可。

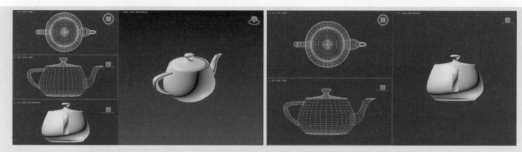

图 2-6　两种视图布局方案

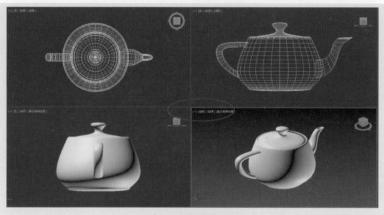

图 2-7　改变视图的大小

除了前面所述的 4 种视图外，还有以下几种视图：底视图，从下往上投影；右视图，从右往左投影；后视图，从后往前投影；摄影机视图，建立摄影机后产生的透视视图；灯光视图，创建了灯光后产生的灯光视图。

（3）快速转换视图的方法

激活要转换的视图（边框以黄色显示），按相应的快捷键可快速转换视图。各视图转换快捷键如下：顶视图（Top）——T，前视图（Front）——F，底视图（Bottom）——B，后视图（Bake）——K，左视图（Left）——L，右视图（Right）——R，摄影机视图（Camera）——C，透视视图（Perspective）——P。选择视图区左上角"透视"选项，在下一级菜单中选择要转换的视图名称，也可完成视图的转换，如图 2-8 所示。

图 2-8　视图转换

4. 命令面板

命令面板的位置在操作界面的右侧，它提供了绝大部分创建对象和编辑对象的命令，是操作过程中是使用最频繁的工作面板。具体有以下 6 个命令面板。

（1）"创建"（Create）命令面板➕。它包括以下 7 个子面板。

① "几何体"（Geometry）命令面板◯：用于创建三维几何体。除了面板上列出的 8 种几何体外，还包括下拉列表框中的扩展基本体、复合对象、粒子系统、面片栅格、NURBS 曲面、AEC 扩展、动力学对象、楼梯、门、窗等。

② "图形"（Shapes）命令面板◲：用于创建二维平面图形。在下拉列表框中可以看到包括样条曲线（Splines）、NURBS 曲线、扩展样条线 3 类。

③ "灯光"（Lights）命令面板💡：用于创建灯光。在下拉列表中可以看到标准灯光、光度学灯光及 VRay 等。

④ "摄影机"（Cameras）命令面板🎥：用于创建摄影机，包括目标摄影机和自由摄影机。

⑤ "辅助物体"（Helpers）命令面板⬒：用于创建辅助物体。

⑥ "空间扭曲"（Space Warps）命令面板〰：用于创建空间扭曲物体。

⑦ "系统"（Systems）命令面板⚙：用于创建系统物体。

（2）"修改"（Modify）命令面板◩。该命令面板包括大量的编辑修改器，在面板的下拉列表框中可以找到编辑修改器，它们用于对二、三维对象进行编辑修改和深层次的加工。

（3）"层次"（Hierarchy）命令面板⬚。其中的命令主要用于设置动画层次链接。

（4）"运动"（Motion）命令面板◉。其中的命令主要用于设置、修改和调整动画。

（5）"显示"（Display）命令面板🖥。其中的命令用于控制视图中对象的隐藏、显示、冻结、解冻。

（6）"实用程序"（Utilities）命令面板🔧。其中的命令用于运行公共程序和插件。

"修改"命令面板的列表中包含了大量的修改器。为了迅速找到自己需要的修改器，用户可以自由定制常用的修改器命令，具体设置方法如下。

（1）单击"修改"命令面板上的"配置修改器集"按钮🔳，在弹出菜单中选择"配置修改器集"命令，打开的对话框如图 2-9 所示。

（2）设置按钮总数，例如在"按钮总数"数值框内输入 8。

（3）在左边"修改器"列表中选择需要设置的修改器并将其拖曳到右边的按钮上。

（4）设置好后，可在"集"下拉列表框中输入集名。

（5）单击"保存"按钮，将修改器集保存。

命令面板中有许多命令的参数和选项，按性质分布在不同的卷展栏内。单击左侧的"▶"按钮可展开卷展栏，此时"▶"按钮变为"▼"按钮，单击"▼"按钮，卷展栏便卷起来。除了命令面板，材质编辑器等也应用了卷展栏功能。

图 2-9 "配置修改器集"对话框

2.3 了解基础建模流程

2.3.1 创建标准基本体

在"创建"命令面板➕上选择"几何体"命令面板◯，在下拉列表框中选择"标准基本体"，面板上列出了 3ds Max 2020 提供的 11 种标准基本体，如图 2-10 所示。

1. 创建对象的一般方法

在视口中单击确定对象位置，移动鼠标指针确定一个参数，再次移动鼠标指针确定第二参数，直到完成。紧接着可以在对象的参数栏内调整各参数，在图 2-11 所示的"名称和颜色"卷展栏中设置对象名和对象颜色，也可以默认系统对对象名称和颜色的设置（例如 Box01、Box02 等）。

图 2-10　标准基本体

图 2-11　"名称和颜色"卷展栏

2. 标准基本体的形状参数

各类基本体的形状参数各不相同，例如长方体有长、宽、高 3 个参数，圆柱体有半径和高度两个参数等。其中，"对象的分段数"参数决定了对象表面的细腻和光滑程度。分段数小，对象相对简单，面数和顶点数少，渲染时占用的时间短。图 2-12 所示为同样大小而分段数不同的形体变形后的不同效果。

3. 切片参数

圆柱、圆环、球、管状体等回转体对象都有切片参数（用切片起始位置和切片结束位置表示），设置切片参数可创建对象被切割的效果，如图 2-13 所示。

图 2-12　对象分段数对变形的影响

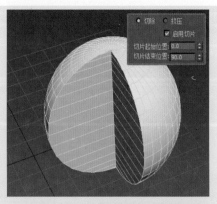

图 2-13　设置对象的切片参数

4. 平滑参数

在曲面对象的参数栏中有"平滑"复选框。勾选该复选框，则对象呈光滑表面；不勾选该复选框，则对象显示按分段设置的小平面形状。

2.3.2 创建扩展基本体

在"创建"命令面板 上选择"几何体"命令面板 ，在下拉列表框中选择"扩展基本体"，面板上列出了 13 种扩展基本体。扩展基本体的创建方法与标准基本体类似，其中切角长方体和切角圆柱体是较常用的扩展基本体。

1. 切角长方体

切角长方体的参数与长方体的基本相同，只是多了圆角项。当圆角的分段数为 1 时，倒角部分为平面；当圆角的分段数增加时，倒角趋向圆角，如图 2-14 所示。

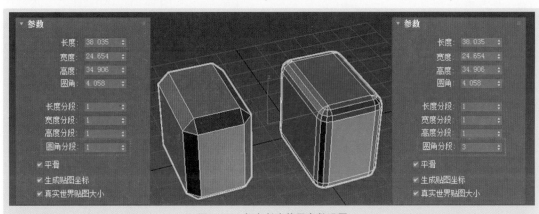

图 2-14　切角长方体及参数设置

2. 切角圆柱体

切角圆柱体的参数与圆柱体的类似，圆角分段数为 1，倒角部分为平面；增加分段数，倒角趋向圆角，如图 2-15 所示。

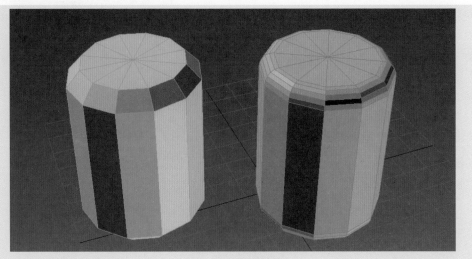

图 2-15　切角圆柱体

2.4 常用修改和编辑操作

2.4.1 设置网格和捕捉

3ds Max 2020 的捕捉功能使用户通过设置适当的网格间距和打开捕捉开关能快速而精确地建模。

1. 设置捕捉方式

在工具栏的捕捉按钮上单击鼠标右键，打开"栅格和捕捉设置"窗口。"捕捉"选项卡中列出了 12 种捕捉方式，如图 2-16 所示。

勾选所需的捕捉项目后，关闭窗口，在工具栏上单击相应的捕捉按钮（如捕捉开关工具组中的"2D 捕捉"工具、"2.5D 捕捉"工具、"3D 捕捉"工具和"角度捕捉切换"按钮、"百分比捕捉切换"按钮、"微调器捕捉切换"按钮等），即可在作图时使用相应捕捉功能，如图 2-17 所示。

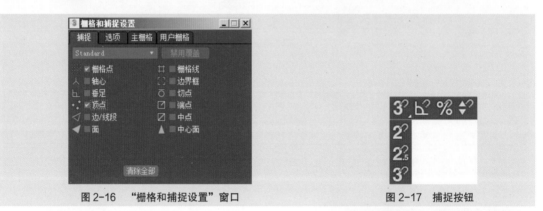

图 2-16 "栅格和捕捉设置"窗口　　　　　　　　图 2-17 捕捉按钮

2. 设置捕捉参数

在"选项"选项卡中可以设置各类捕捉参数，包括捕捉标记大小、捕捉预览半径、角度、百分比等，如图 2-18 所示。

3. 捕捉功能的使用方法

设置了捕捉参数，使用捕捉功能前要先单击捕捉按钮，捕捉功能才生效。例如设置捕捉"角度"为 10°，单击"角度捕捉切换"按钮，在视图中旋转对象时将按 10° 的倍数旋转；设置位置捕捉点为栅格点和端点，选择"2D 捕捉"工具，在视图中画线时将从最近的栅格点或线段端点开始；设置了捕捉"百分比"为 10%，单击"百

图 2-18 设置捕捉参数

分比捕捉切换"按钮，在缩放对象时将按 10% 的比例缩放。在捕捉按钮上单击鼠标右键可以打开"栅格和捕捉设置"窗口，在其中设置捕捉参数。

2.4.2 变换对象

在 3ds Max 2020 的建模过程中，经常需要对对象进行变换和修改，例如移动、旋转、缩放、阵列等。这些变换都涉及坐标系的选择，不同的坐标系具有不同的表现形式，在不同坐标系里进行

相同的操作，可能会得到完全不同的结果。

1. 变换坐标系

工具栏中的"参考坐标系"下拉列表，其中列出了 3ds Max 2020 提供的所有的坐标系，如图 2-19 所示。

下面对几种常用坐标系做简单介绍。

（1）视图坐标系

视图坐标系是屏幕坐标系与世界坐标系的结合。在正交视图（前视图、顶视图、左视图）中，视图坐标系与屏幕坐标系一致；在透视图或其他三维视图中，视图坐标系与世界坐标系一致。

图 2-19　"参考坐标系"下拉列表

（2）屏幕坐标系

当设置为屏幕坐标系时，激活任何视图，x 轴总是水平向右，y 轴总是垂直向上，变换的 xy 平面总是面向用户。

（3）世界坐标系

世界坐标系——x 轴水平向右；z 轴垂直向上；y 轴指屏幕内。这个坐标系在任何视图区内都保持不变，与视图无关。在每个视图的左下角显示的红（x 轴）、蓝（z 轴）、绿（y 轴）3 色图标就是世界坐标系的标记。在三维视图（摄影机视图、用户视图、透视视图、灯光视图）中，所有对象都使用世界坐标系。

（4）父对象坐标系

父对象坐标系在具有链接关系的对象中起作用，如果设置为该坐标系，变换子对象将使用父对象的坐标系。

（5）局部坐标系

局部坐标系是创建一个对象时被赋予的坐标系，它的方向随着对象的变换而改变。

（6）万向坐标系

万向坐标系与局部坐标系类似，但 3 个旋转轴可以不互相正交。

（7）栅格坐标系

坐标系设置为栅格坐标系时，变换对象将使用激活视图的栅格原点作为变换中心。

（8）拾取坐标系

由用户指定一个对象，把该对象的坐标系作为当前坐标系。例如在进行环形阵列时，需要指定阵列中心，就可以采用拾取坐标系，选择一个参照对象的中心为阵列中心。

2. 变换中心

对象进行旋转或缩放变换时都是相对于轴心进行的，在工具栏参考坐标系右边有以下 3 个用于控制变换中心的工具。

"使用轴点中心"工具 ：使用被选择对象自身的轴心作为变换中心。

"使用选择中心"工具 ：使用所有被选择对象（选择集）的公共轴心作为变换的中心。

"使用变换坐标中心"工具 ：使用当前坐标系的轴心作为变换中心。

坐标轴心是可以根据需要进行改变的。改变方法如下：进入"层次"命令面板 ，选择该命令面板上的"轴"命令和"仅影响轴"命令，使用"选择并移动"工具 便可以改变轴心的位置，如图 2-20 所示。

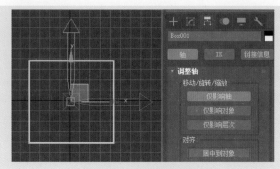

图 2-20　改变轴心位置

3. 移动对象

（1）直接使用"选择并移动"工具 ✥ 在视图中选择对象，当出现黄色正方形标记时，可在画面中沿 xy 平面任意移动对象，将鼠标指针置于 x 轴、y 轴上可分别沿 x 轴、y 轴移动对象，如图 2-21 所示。

在透视视图或其他三维视图中也可选择不同坐标平面或坐标轴进行移动变换，当黄色标记出现时，移动变换将限定在相应平面内，将鼠标指针置于某坐标轴上可沿该轴进行移动，如图 2-22 所示。

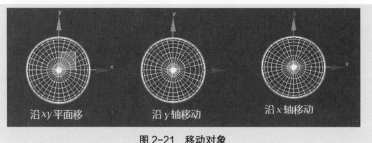

图 2-21　移动对象

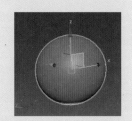

图 2-22　在透视视图中移动对象

（2）选择变换对象后，在"选择并移动"工具 ✥ 上单击鼠标右键，会打开图 2-23 所示的窗口，在其中可输入移动距离实现对象的精确移动与变换。窗口左侧为世界坐标系绝对坐标，右侧为屏幕坐标系相对移动距离。

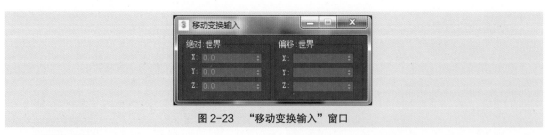

图 2-23　"移动变换输入"窗口

4. 旋转对象

选定需要旋转的对象后，选择"选择并旋转"工具 ↻，视口中将出现图 2-24 所示的旋转图标，把鼠标指针移到最外面的灰色圆上，便可在屏幕的平面上旋转对象。按住鼠标左键旋转对象，黄色箭头指出旋转方向，如图 2-25 所示。把鼠标指针移到蓝色圆上，待其变为黄色可显示旋转角度，如图 2-26 所示。把鼠标指针移到红色轴线上可前后旋转对象，如图 2-27 所示。把鼠标指针移动到绿色轴线上可左右旋转对象，如图 2-28 所示。透视视图中坐标轴的显示如图 2-29 所示，选择不同的坐标平面也可以沿不同方向旋转对象。

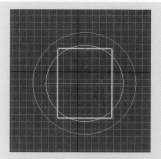

图 2-24　旋转图标

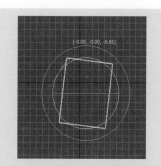

图 2-25　在屏幕平面（xy 平面）旋转对象

图 2-26　显示旋转角度

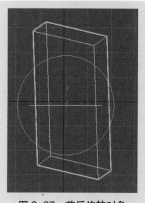

图 2-27　前后旋转对象

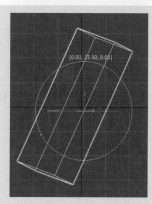

图 2-28　左右旋转对象

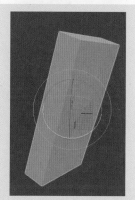

图 2-29　在透视视图中旋转对象

　　选择变换对象后，在"选择并旋转"工具 上单击鼠标右键，将打开图 2-30 所示的窗口，在其中，可精确输入旋转角度实现对象的精确旋转变换。

5. 缩放对象

　　选择对象后选择"选择并均匀缩放"工具 ，出现三角形标记，按住鼠标左键在三角形区域拖曳可整体缩放对象（即 x 轴、y 轴和 z 轴 3 个方向），如图 2-31 所示。按住鼠标左键在黄色梯形范围拖曳，可以缩放 x 轴与 y 轴方向，保持 z 轴方向高度不变，如图 2-32 所示。将鼠标指针移至相应的坐标轴上可分别沿 x 轴、y 轴方向缩放对象，如图 2-33、图 2-34 所示。

微课

缩放对象

图 2-30　"旋转变换输入"窗口

23

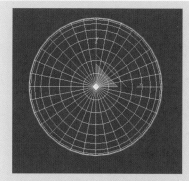

图 2-31　沿 3 个方向同时缩放

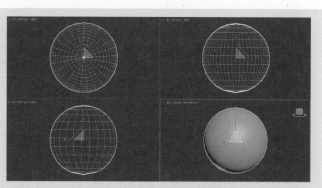

图 2-32　缩放 x 轴、y 轴方向

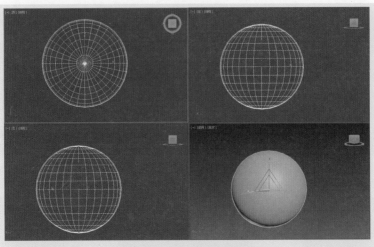

图 2-33　沿 x 轴方向缩放

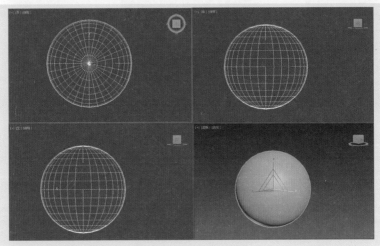

图 2-34　沿 y 轴方向缩放

在透视视图中也可以实现以上各种缩放操作：将鼠标指针置于黄色三角形内可整体缩放对象，如图 2-35 所示；将鼠标指针置于 3 个黄色梯形范围内可以分别沿 3 个坐标平面缩放对象，图 2-36 所示为沿水平面（世界坐标 xy 平面）缩放；将鼠标指针移动到坐标轴上，可以沿坐标轴进行单向缩放，图 2-37 所示为沿 y 轴缩放对象。

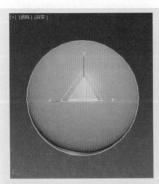

图 2-35　在透视视图整体缩放

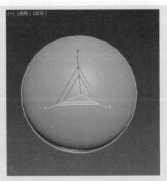

图 2-36　在 xy 平面缩放

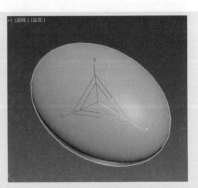

图 2-37　沿 y 轴缩放

选择变换对象后，用鼠标右键单击"选择并均匀缩放"工具 ，将打开图 2-38 所示的窗口，在其中可输入缩放比例（百分比）实现对象的精确缩放变换。

图 2-38　"缩放变换输入"窗口

2.4.3　复制对象

在 3ds Max 2020 中，用"创建"命令生成的任何东西都称为对象。复制对象是建模过程中经常要使用的操作，复制对象操作的第一步是选择需要复制的对象，有关选择工具的使用，我们在介绍工具栏时已经提及过，下面介绍复制对象过程中过滤器的使用。

1. 选择过滤器

在制作效果图时，场景对象会不断增加，视图内线框纵横交错，图面十分复杂，准确选择所需的对象是很困难的，选择过滤器可以帮助我们较快地完成这类选择操作。在其下拉列表中选择所需的对象类别，其他对象将不会被选择。

2. 用快捷键复制对象

复制对象的最简单的方法就是使用快捷键 Shift。选择"选择并移动"工具 （也可以用"选择并旋转"工具或缩放工具组中的工具），按住 Shift 键和鼠标左键拖曳对象到需要的位置后，松开鼠标左键，打开"克隆选项"对话框，如图 2-39 所示。在对话框中选择一种复制方法，输入副本数，需要时可以输入复制对象的名称，单击"确定"按钮即可完成复制。

图 2-39　"克隆选项"对话框

3. 复制、实例和参考

在进行复制、镜像、阵列等涉及复制对象的操作时，其对话框里都会出现 3 种复制方法的选项。下面介绍 3 种复制方法的不同之处。

（1）复制：复制的对象具有独立的参数和属性。对原始对象进行编辑修改时，不会影响复制的对象；对复制的对象进行编辑修改时，也不会影响原始对象。

（2）实例：关联复制，对原始对象或复制的对象进行编辑修改会影响到复制的对象或原始对象，二者是相互关联的。

（3）参考：复制的对象受原始对象的影响，但对复制的对象所做的编辑修改不会影响到原始对象，二者间是一种单向关联的关系。

2.4.4　组

在建模的过程中，常常碰到需要对所选择的多个对象同时操作的情况，此时我们可以选择这些对象，建立一个组，对组内的对象进行统一的编辑。

在"组"菜单中可以实施建组的操作。

（1）成组：选择了多个对象后选择"成组"命令，会打开图 2-40 所示的对话框，输入组名或使用默认组名"组001"，单击"确定"按钮，所选的对象成为一个群组，可以对它们进行整体编辑。

（2）解组：选择一个群组，选择"解组"命令，可以完全解除群组关系。

（3）打开：打开群组，对每个对象可以进行单独编辑，但群组关系仍然存在，注意理解解组和打开的区别。

图 2-40　给组命名

（4）关闭：将打开的群组关闭，以再次进行整体编辑。

（5）附加：把其他对象合并到当前群组中。

（6）分离：将群组里的某个对象从群组中分离出去。

（7）炸开：将群组分开，让群组中的对象成为单独的对象，该命令与解组的区别在于它可将多层的组关系一次取消，而解组只能取消一层组的关系。

2.4.5　对齐

工具栏上的"对齐"工具█是精确调整两个对象相对位置的有效工具，在建模过程中经常用到，适用于二维、三维对象。选择对象，选择"对齐"工具█，将鼠标指针移动到目标对象上，当鼠标指针变为"十"字形时，单击即可打开"对齐当前选择"对话框，如图 2-41 所示。

"对齐位置（世界）"选项组中参数选项的意义如下。

（1）X 位置、Y 位置、Z 位置：分别选择对齐的方向。

（2）当前对象：当前选择的对象。

（3）目标对象：要对齐的目标对象。

（4）最小：x 方向指的是左边（面），y 方向指的是下边（面），如图 2-42 所示。

（5）最大：x 方向指的是右边（面），y 方向指的是上边（面），如图 2-42 所示。

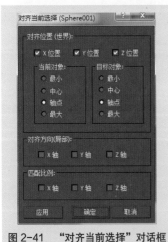

图 2-41　"对齐当前选择"对话框

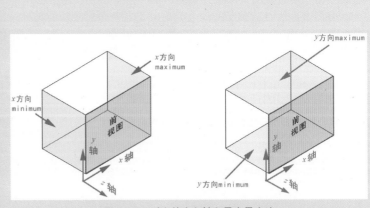

图 2-42　对齐的方向轴和最大最小边

（6）中心：指对象的几何中心。

（7）轴点：指对象自身坐标系的变换中心。

对立方体等规则的对象来说，最大、最小边（面）就是它们的侧面，对不规则的对象来说，最大、最小边（面）是按它们的"边界盒"来计算的。

对齐操作同样适用于二维图形，但一般只使用 x、y 两个方向，其对齐参数设置与三维对象是类似的。

2.4.6　阵列

阵列是按一定规律进行多重复制，在建模时也是经常要用到的，阵列操作对二维图形和三维对象都是适用的。阵列的方法可以分为一维阵列（沿 x 方向、沿 y 方向、倾斜方向）、二维阵列（多行多列）、环形阵列（围绕中心）和三维阵列。选择要阵列的对象，选择"工具"/"阵列"命令，将打开图 2-43 所示的"阵列"对话框。

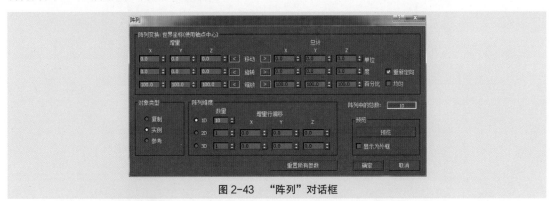

图 2-43　"阵列"对话框

1. "阵列"对话框的使用

"阵列"对话框中主要选项的意义如下。

（1）增量：每两个阵列对象之间的距离（环形阵列为角度）。

（2）总计：阵列的总长度，增量方式或总计方式只能选择其一，可单击对话框中部的箭头进行转换。

（3）移动：设置 x、y、z 方向的坐标增量或总长度。

（4）旋转：设置环形阵列中每两个复制对象的夹角或总的阵列角度。

（5）缩放：设置阵列对象的缩放比例。

（6）1D、2D、3D：分别设置一维、二维、三维阵列的参数。

（7）数量：阵列的数量。

（8）增量行偏移量：二维、三维阵列的行距。

（9）复制、实例、参考：设置复制的类别。

（10）X、Y、Z：分别设置 3 个坐标轴向的参数。

（11）预览：打开预览可以观察阵列效果。

2. 一维阵列实例：沿一个方向的线性阵列

在顶视图中创建正方体，边长设置为 10，选择"工具"/"阵列"命令，在打开的对话框中设置"X"方向移动距离为 50，激活"1D"单选按钮（一维阵列），设置"数量"为 4，其他参数不变，单击"预览"按钮，看到阵列结果正确，单击"确定"按钮，阵列结果如图 2-44 所示。正方体沿 x 方向复制了 3 个，每两个正方体之间的距离为 50。

微课
一维阵列实例

3. 二维阵列实例：在一维阵列的基础上，增加一个方向阵列，如矩形阵列

在顶视图中创建圆环，半径 1 为 15，半径 2 为 5，在"阵列"对话框中先单击"重置所有参数"按钮，在增量第一行（移动）"X"方向增量框输入 50，激活"1D"单选按钮并设置"数量"为 4（x 方向阵列 4 个，相距 50），激活"2D"单选按钮，设置"数量"为 2 并在右侧"Y"栏数值框中输入 -60（将第一行对象沿 y 轴负方向阵列为 2 行），激活"实例"单选按钮，单击"预览"按钮，观察结果正确后，单击"确定"按钮，阵列结果如图 2-45 所示。

微课
二维阵列实例

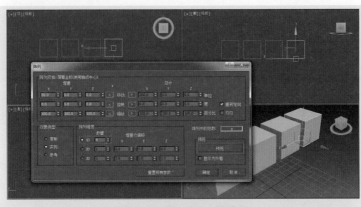

图 2-44　沿 x 方向一维阵列

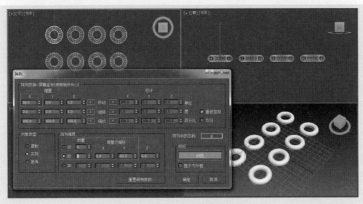

图 2-45　二维（矩形）阵列

4. 三维阵列实例：在二维阵列的基础上，增加 z 方向的阵列

沿用上述例子，在单击"确定"按钮之前，激活"3D"单选按钮，设置"数量"为 3，并在右侧 "Z"栏数值框中输入 50（阵列 3 层，每层距离 50），单击"确定"按钮。

5. 环形阵列：沿圆周复制对象，以二维图形的环形阵列为例

（1）在顶视图中创建一个椭圆和一个圆，大小比例和相对位置如图 2-46 所示。椭圆是阵列的对象，圆是设置阵列中心的参照对象。

（2）在工具栏上的"参考坐标系"下拉列表中选择"拾取"选项，单击视图中的圆，此时，"参考坐标系"下拉列表中的坐标名称变为 Circle01，在右侧的变换中心工具组中选择"使用变换坐标中心"工具，以圆的坐标轴心作为变换的中心。

（3）选择椭圆，此时可以看到变换中心位于圆心处，如图 2-47 所示。

微课

环形阵列

图 2-46　创建圆和椭圆

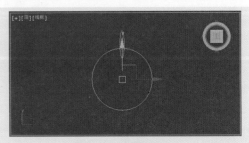

图 2-47　设置变换中心

（4）选择"工具"/"阵列"命令，在打开的对话框中先单击"重置所有参数"按钮，在第二行（旋转）"Z"方向增量框中输入36，激活"1D"单选按钮并设置"数量"为10（沿圆周阵列10个椭圆，每两个椭圆之间的夹角为36°），单击"确定"按钮，结果如图2-48所示。

图2-48 环形阵列

项目小结

本项目主要介绍了 3ds Max 2020 的启动方法、操作界面、基础建模流程及常用的修改和编辑操作。

拓展实训

运用 3ds Max 2020 中基本的扩展基本体进行足球模型的创建，如图 2-49 所示。（提示：异面体、十二面体、修改编辑、网格平滑、球形化。）

图2-49 足球模型效果图

03

项目 3

二维图形建模

在上个项目中，我们讲解了利用基本几何体创建三维模型的方法，但是，有些复杂的三维模型很难被分解成简单的基本几何体。对这类模型，我们可以先绘制二维图形，再通过设置渲染参数及使用挤出、车削、倒角、倒角剖面等方法将二维图形转化成三维模型。

复杂的三维模型是通过什么样的二维线条创建的？

二维线条是怎么转化成三维模型的？

本项目我们一起来创建圆凳、窗框、墙体、花边柱、酒杯、三维倒角字、六角花盆、石膏线等模型，体验画线设置渲染参数直接建模的方法，以及挤出、车削、倒角、倒角剖面等方法的运用。

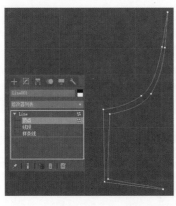 

课堂学习目标

1. 掌握画线设置渲染参数直接建模的方法

2. 掌握通过编辑样条线创建复杂二维图形的方法

3. 掌握挤出、车削、倒角、倒角剖面 4 种方法，学习创建三维模型

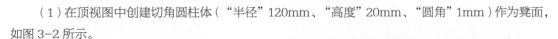

3.1　用二维线创建圆凳和窗框模型

二维线建模是一种方便、快速地从二维到三维的建模方法，大部分对象可以通过画线的形式来进行建模。

1. 创建圆凳

图 3-1 所示是一张圆凳的效果图，除了凳面是切角圆柱体外，其余部分（3 条凳腿、3 个支撑圆圈）由圆形截面钢管构成，可以直接画线完成。二维线在渲染时不可见，但只要设置了线的可渲染特性，画出的二维线在渲染时便可以看到。制作步骤简述如下。

（1）在顶视图中创建切角圆柱体（"半径"120mm、"高度"20mm、"圆角"1mm）作为凳面，如图 3-2 所示。

图 3-1　圆凳的效果图

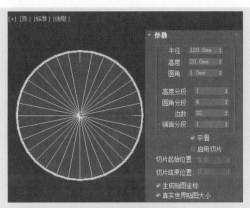

图 3-2　创建切角圆柱体

（2）在"创建"命令面板 ➕ 上选择"图形"命令面板 ▣，在顶视图中创建半径为 100mm 的圆。

（3）在"渲染"卷展栏中，勾选"在渲染中启用"和"在视口中启用"复选框，并设置径向"厚度"（实际上就是线条圆形截面的直径）为 10mm，如图 3-3 所示。

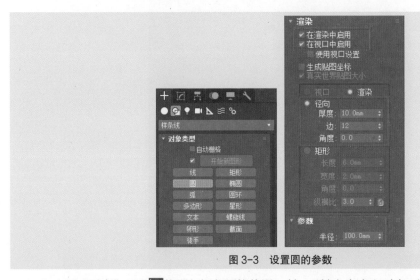

图 3-3　设置圆的参数

（4）用"对齐"工具 ▣ 将圆与切角圆柱体沿 x 轴、y 轴方向中心对齐，沿 z 轴方向上下对齐，如

图 3-4 所示。

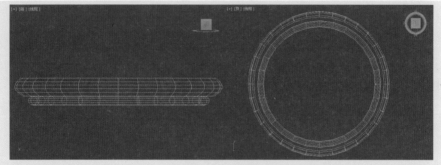

图 3-4　对齐圆

（5）向下复制一个圆，使其与第一个圆上下对齐，如图 3-5 所示。

（6）再次向下复制圆，下移一段距离，修改"半径"为 8mm，如图 3-6 所示。

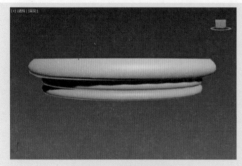

图 3-5　复制并对齐圆

图 3-6　再次复制圆并修改半径

（7）在"创建"命令面板➕上选择"图形"命令面板🗗，选择"线"命令，在"创建方法"卷展栏中设置"初始类型"和"拖动类型"为"平滑"，在前视图中绘制凳腿，如图 3-7 所示。

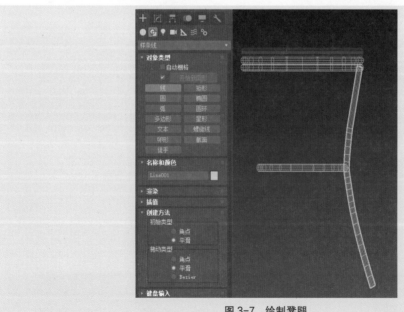

图 3-7　绘制凳腿

（8）在顶视图中选择凳腿，设置拾取坐标系并指定切角圆柱体为坐标系参照物，进行环形阵列，复制两条凳腿，完成圆凳模型的创建，如图 3-8 所示。

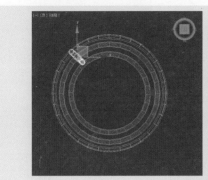

图 3-8　阵列凳腿

2. 创建窗框

通过画线方式不仅可以设置圆形截面，还可以设置矩形截面，以下用画线方式完成图 3-9 所示的窗框模型。窗框模型的制作步骤简述如下。

微课

创建窗框

（1）在"2D 捕捉"工具 上单击鼠标右键，在打开的窗口中勾选"栅格点"复选框，如图 3-10 所示，使画线的起点和终点都落在栅格点上。

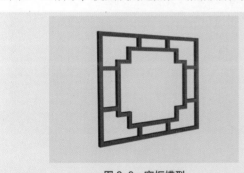

图 3-9　窗框模型

图 3-10　设置捕捉栅格点

（2）在"创建"命令面板 上选择"图形"命令面板 ，选择"线"命令，设置线的渲染参数为矩形截面，"长度"和"宽度"均为 6mm，如图 3-11 所示。

（3）在前视图中沿栅格点绘制图 3-12 所示的折线，注意线段对称。

图 3-11　渲染参数

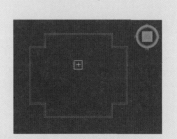

图 3-12　绘制折线

（4）继续绘制矩形，注意上下左右对称，如图 3-13 所示。

（5）绘制窗框四周的 8 条直线，如图 3-14 所示，完成窗框模型的创建。

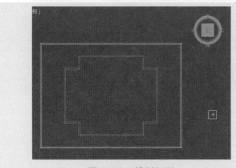
图 3-13　绘制矩形

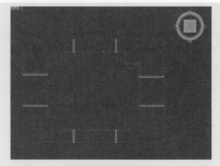
图 3-14　绘制直线

3.2　创建墙体和花边柱模型（挤出）

1. 创建墙体

我们先通过一个简单的工作任务——创建简易房屋的墙体模型，熟悉二维画线和挤出建模。

（1）在"创建"命令面板 ➕ 上选择"图形"命令面板 ⬤，选择"线"命令，打开 2D 捕捉开关，并设置捕捉对象为栅格点，保证所绘线段的顶点落在栅格点上，在顶视图中绘制图 3-15 所示的墙线。

（2）为了操作方便，我们将本项目常用的修改器设置在"修改"命令面板 ⬤ 上。

单击命令面板上的"配置修改器集"按钮

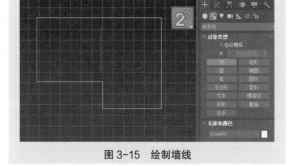
图 3-15　绘制墙线

▦，在弹出菜单中选择"配置修改器集"命令，如图 3-16 所示，打开对话框，如图 3-17 所示。

图 3-16　配置修改器

图 3-17　"配置修改器集"对话框

设置所需要的按钮总数，在对话框左侧列表框中选择二维建模的相关修改器"编辑样条线""编辑网格""挤出""车削""倒角""倒角剖面"并将其拖曳到右侧空白按钮上，输入"二维建模"的集名，单击"确定"按钮保存修改。单击"配置修改器集"按钮![icon]，在弹出菜单中选择"显示按钮"命令即可在命令面板上显示相应的修改器集。

（3）在修改器列表中，选择"样条线"选项，如图 3-18 所示，选择绘制的墙线（呈红色），在面板下方找到"轮廓"选项，输入偏移量 150mm，选择"轮廓"命令后墙线变为间隔为 150mm 的双线，如图 3-19 所示。

图 3-18　编辑样条线

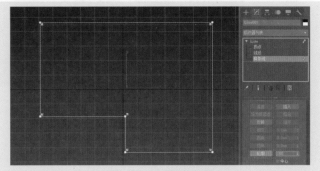

图 3-19　"轮廓"选项

（4）选择"挤出"修改器，设置适当的挤出数量，完成墙体模型的创建，如图 3-20 所示。

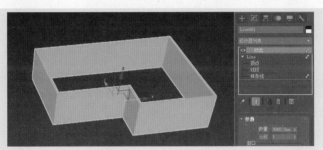

图 3-20　挤出的墙体模型

2. 创建花边柱

本例通过二维线的编辑和挤出来创建花边柱。

（1）在"创建"命令面板![icon]上选择"图形"命令面板![icon]，选择"圆"命令，在顶视图中创建两个圆，半径分别设置为 100mm 和 15mm，创建的图如图 3-21 所示。

（2）在工具栏"参考坐标系"下拉列表中选择"拾取"选项，指定大圆为变换中心，选择"使用变换坐标中心"工具![icon]，选择小圆时变换中心位于大圆的圆心，如图 3-22 所示。

微课

创建花边柱

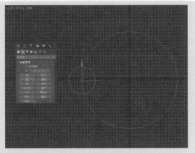

图 3-21　创建的两个圆

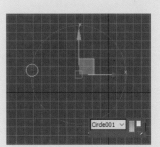

图 3-22　设置变换中心

（3）选择"工具"/"阵列"命令，在打开的对话框中设置环形阵列参数，设置旋转方式为沿 z 轴方向旋转 360°，激活"1D"单选按钮并"数量"为 16，激活"实例"单选按钮，单击"预览"按钮，确认无误后，单击"确定"按钮，完成小圆的阵列，如图 3-23 所示。

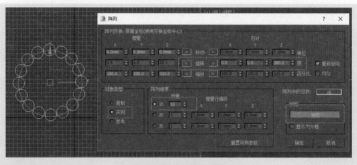

图 3-23　阵列小圆

（4）选择大圆，在命令面板上选择"编辑样条线"修改器，在面板下方选择"附加多个"命令，如图 3-24 所示。在打开的对话框中选择所有小圆，如图 3-25 所示（circle02 ~ circle17），将大圆与 16 个小圆附加为一个图形，如图 3-26 所示。

图 3-24　"附加多个"命令

图 3-25　选择所有小圆

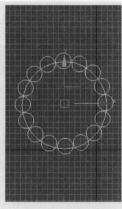

图 3-26　附加结果

（5）在修改器列表中，选择"样条线"选项（也可以单击下方子对象样条线的图标），选择大圆（呈现红色），如图 3-27 所示。

（6）在面板中选择"布尔"命令，选择"并集"选项，在视图中按顺序拾取小圆，如图 3-28 所示，运算结果为大圆和小圆合成的封闭花边圆，如图 3-29 所示。

图 3-27　选择大圆

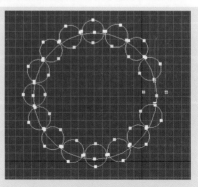

图 3-28　布尔运算（并集）

（7）选择"挤出"修改器，设置挤出"数量"（即高度）为 800，完成花边柱模型的创建，如图 3-30 所示。

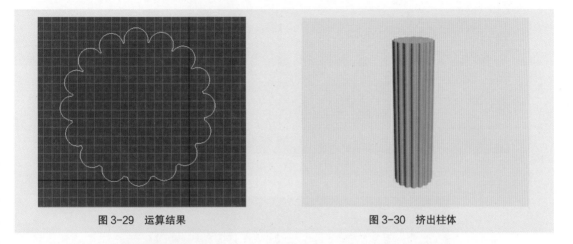

图 3-29　运算结果　　　　　　　　　　　　　图 3-30　挤出柱体

3.3　创建酒杯模型（车削）

图 3-31 所示为创建的酒杯模型，建模时先绘制并编辑酒杯的轮廓，再使用"车削"修改器，完成酒杯模型的创建，步骤如下。

（1）在"创建"命令面板➕上选择"图形"命令面板◘，选择"线"命令，在前视图中绘制折线，如图 3-32 所示。

微课

创建酒杯模型
（车削）

图 3-31　酒杯模型　　　　　　　　　图 3-32　绘制折线

（2）选择"修改"命令面板◪，选择"编辑样条线"修改器，选择顶点子对象，如图 3-33 所示，选中第二个顶点（变红），单击鼠标右键选择"Bezier"命令，将顶点设为"Bezier"顶点，此时出现带有绿色端点的调控杆，分别调整并移动调控杆两端的位置与方向，直至调出所需的酒杯轮廓线形状。

（3）选择"样条线"选项，选中线段（变红）在面板中选择"轮廓"命令，在视图中移动鼠标指针，当折线变成双线且距离合适（酒杯厚度）时单击确定变换，如图 3-34 所示。

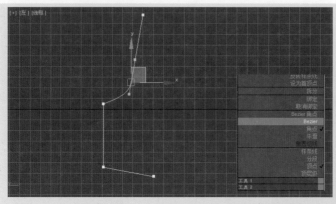

图 3-33　改变顶点编辑曲线图

图 3-34　使用"轮廓"命令

（4）选择顶点子对象，选择一个上方顶点和一个下方顶点，按 Delete 键将其删除，如图 3-35 所示。

（5）选择上、下方剩下的两个顶点单击鼠标右键，选择"角点"命令，如图 3-36 所示，将顶点变为角点，在面板下方选择"圆角"命令，移动鼠标指针使两个顶点产生圆角。用"选择并移动"工具 调整顶点位置，如图 3-37 所示。

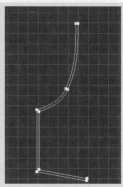
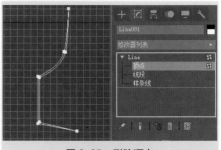

图 3-35　删除顶点

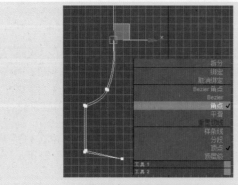

图 3-36　改变顶点为角点

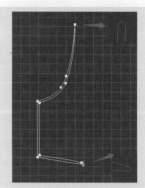

图 3-37　圆角及移动顶点效果

（6）选择"修改"命令面板，选择"车削"修改器，设置"分段"数为32，"对齐"为"最小"（即左侧边），完成酒杯模型的创建，如图3-38所示。

图3-38　使用"车削"修改器

3.4　创建三维倒角字模型（倒角）

倒角建模与挤出建模类似，不同之处是倒角建模需在开始端和末端加上倾斜倒角。

在"创建"命令面板上选择"图形"命令面板，选择"文本"命令，设置字体为"黑体"，字体大小为100，在文本框中输入"牛年吉祥"4个字，如图3-39所示。选择"修改"命令面板，选择"倒角"修改器，在"倒角值"卷展栏中设置如下参数：级别1——高度2mm，轮廓2mm；级别2——高度30mm，轮廓−2mm；级别3——高度2mm，轮廓−2mm，如图3-40所示（级别1表示起始倒角，级别2表示中间部分，级别3表示结束部分倒角）。

微课

创建三维倒角
字模型（倒角）

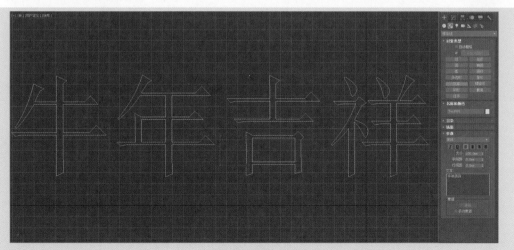

图3-39　输入文本

图 3-40　倒角值及各项参数

3.5　创建六角花盆和石膏线模型（倒角剖面）

倒角剖面建模与车削建模类似，不同之处是车削是轮廓线绕圆周轨迹成形，而倒角剖面是轮廓线绕任何平面图形而成形。

微课

创建六角花盆

1. 创建六角花盆

图 3-41 所示的六角花盆模型就是用"倒角剖面"修改器制作的，步骤如下。

（1）在"创建"命令面板 ➕ 上选择"图形"命令面板 ⊡，选择"多边形"命令，在顶视图中创建正六边形，如图 3-42 所示。

图 3-41　六角花盆模型

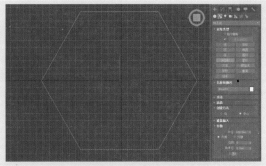

图 3-42　创建正六边形

（2）在前视图中绘制花盆的轮廓折线，如图 3-43 所示，注意正六边形与折线的比例。

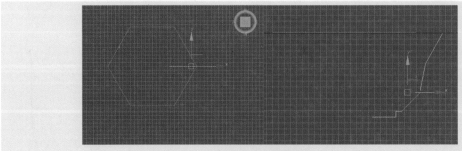

图 3-43　绘制折线

（3）选择"修改"命令面板 ⊡，单击"Line"前面的" ▶ "按钮，单击顶点子对象，选择中间 3 个顶点，单击鼠标右键选择"平滑"命令，并适当移动各顶点，调整曲线，如图 3-44 所示。

（4）选择"样条线"选项，在面板中选择"轮廓"命令，在视图中移动鼠标指针使曲线变为双线，如图3-45所示。

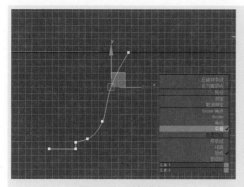

图3-44　调整曲线

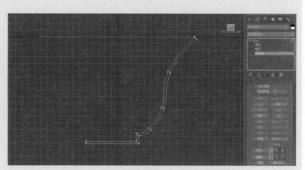

图3-45　"轮廓"命令产生双线

（5）移动图3-45所示的顶点1，删除顶点2（按Delete键），调整后的曲线如图3-46所示。

（6）选择正六边形，选择"修改"命令面板 ，选择"倒角剖面"修改器，在"参数"卷展栏中选择"经典"单选按钮，在"经典"卷展栏中选择"拾取剖面"命令并在视图中拾取轮廓曲线，得到图3-47所示的六角花盆模型。

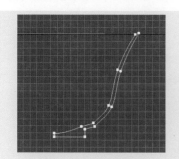

图3-46　调整后的曲线

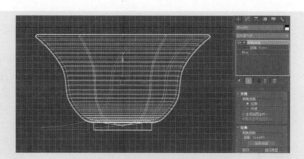

图3-47　使用"倒角剖面"修改器

2. 创建石膏线

室内装饰石膏线也是用"倒角剖面"修改器制作的，石膏线模型最终渲染效果如图3-48所示。创建步骤如下。

（1）在顶视图中绘制石膏线轮廓如图3-49所示。

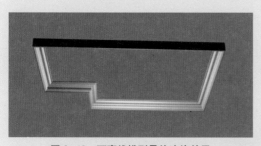

图3-48　石膏线模型最终渲染效果

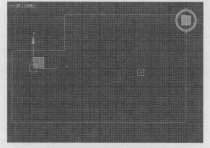

图3-49　绘制石膏线轮廓

（2）绘制正方形（选择"矩形"命令，按住Ctrl键绘制正方形），注意石膏线轮廓与正方形的比例。

（3）按"Z"键，正方形以最大化显示，选择"修改"命令面板 ，选择"编辑样条线"修改器，选择顶点子对象，在面板中选择"优化"命令，在正方形的右边、下边分别添加3个锚点，如图3-50所示。

微课

创建石膏线

（4）选中图3-50所示框内的4个点，单击鼠标右键选择"角点"命令，将顶点转换为角点。其余两个点和右下顶点用同样的方法转换为Bezier点，用"选择并移动"工具调整顶点位置和调控杆位置，使曲线呈现图3-51所示的形状。

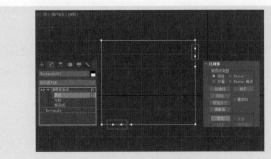

图3-50　添加锚点

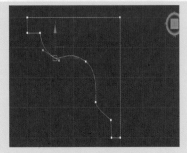

图3-51　曲线形状

（5）在视图导航区选择"最大化显示选定对象"工具将顶视图恢复正常显示，选择石膏线轮廓，选择"修改"命令面板，选择"倒角剖面"修改器，选择"拾取剖面"命令，在视图中指定正方形编辑后的图形为轮廓，完成倒角剖面操作，如图3-52所示。

（6）选择"环绕子对象"工具调整透视视图位置，渲染后石膏线模型如图3-53所示。

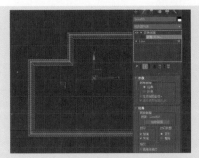

图3-52　使用"倒角剖面"修改器

图3-53　石膏线模型

项目小结

本项目通过创建圆凳、窗框、墙体、花边柱、酒杯、三维倒角字、六角花盆、石膏线等模型，讲解了画线设置渲染参数直接建模的方法，以及挤出、车削、倒角、倒角剖面等4种从二维到三维的建模方法。

拓展实训

创建中国银行标志（Logo），如图3-54所示。（提示：附加多个、修剪、焊接、倒角剖面命令。）

图3-54　中国银行Logo造型

在 3ds Max 中，放样（Loft）是一种功能强大的建模方法，它源于古希腊的造船术，造船工匠为了保证船体形状的正确性，先绘制主要位置的截面形状图样，按图样制造出若干个截面，用弹性支架连接各个截面，将其固定，形成光滑的曲面过渡，从而完成整个船体模型的创建。放样建模的生成原理和倒角剖面的生成原理非常接近，都是通过剖面图形按照轮廓路径图形进行结构的生成。不同的是，放样建模可以在一个路径方向上指定多次剖面，所以通过放样建模方法建造出来的模型结构更为丰富、复杂一些。放样建模适合制作类似天花板造型、画框这样的模型。

放样建模都能制作什么样的三维模型？

放样建模如何操作？

本项目通过创建画框、窗帘、收起的窗帘、花瓶、罗马柱、吊灯等模型，讲解用放样建模的方法创建家具、陈设等对象模型的方法，以及对放样体进行缩放、扭曲的方法。

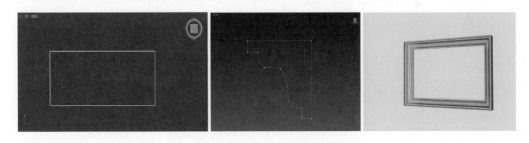

课堂学习目标

1. 掌握用放样建模创建家具等模型的方法

2. 掌握放样的基本操作、路径与形的设置、参数设置与调整

3. 学会对放样体进行缩放、扭曲、倾斜、倒角、拟合变形等操作，进一步完善创建对象

4.1 放样建模知识点

1. 放样的概念和操作

"放样"实际上也是从二维到三维建模的方法之一，放样后可以用 5 种变形修改方法进一步完善模型，因而比"挤出""倒角"等建模方法功能更强大，放样建模的基本概念是先给出一个或几个平面图形作为放样的形，再将这些形沿指定的路径放置，通过插值计算，完成放样体的造型，如图 4-1 所示。"形"和"路径"可以是封闭图形，也可以是不封闭的线，但必须是二维图形。"形"可以有一个或多个，但"路径"只能有一条，图 4-2 所示为一条路径上放置两个形的放样实例。

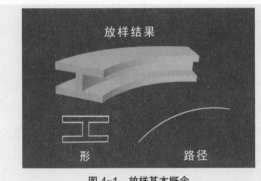

图 4-1　放样基本概念

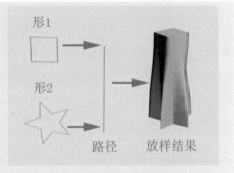

图 4-2　两个形的放样实例

在前视图中绘制好放样的形——圆形和正方形，绘制直线作为路径，如图 4-3 所示。在"创建"命令面板 ➕ 上选择"几何体"命令面板 ◯，在下拉列表框中选择"复合对象"，选择"放样"命令，在面板中选择"获取图形"命令，如图 4-4 所示，在视图中拾取圆，放样结果如图 4-5 所示。

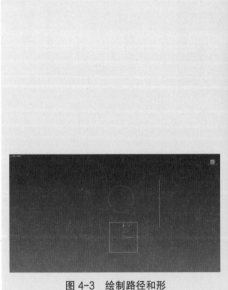

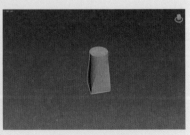

图 4-3　绘制路径和形　　　图 4-4　"放样"操作　　　图 4-5　放样结果

在面板中"路径参数"卷展栏中修改"路径"参数值为 100，选择"获取图形"命令并拾取正方形，得到图 4-6 所示的由圆形渐变到正方形的柱体。

3ds Max+VRay 室内设计效果图表现实例教程（第 2 版）（微课版）

2. 形的比较和调整

仔细观察放样体，发现柱体的棱边是扭曲的，这是由放样用的圆形与正方形起始顶点的角度错位造成的，解决的办法是调整形的位置。

（1）选择"修改"命令面板 ，展开"Loft"卷展栏以展开放样体的子对象，选择"图形"选项（此时背景变为黄色），展开"图形命令"卷展栏，选择"比较"命令，如图4-7所示。

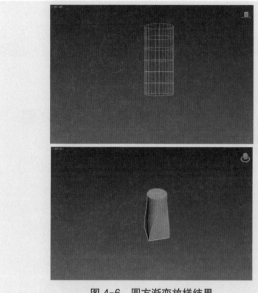

图4-6 圆方渐变放样结果

图4-7 "比较"命令

（2）在打开的窗口中单击"拾取图形"按钮 ，并在视图中选择放样体上、下的圆形和正方形，如图4-8所示。两个图形出现在打开的窗口中，如图4-9所示，可以看出两个图形的起始顶点错位45°。

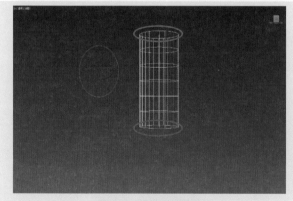

图4-8 选择比较图形

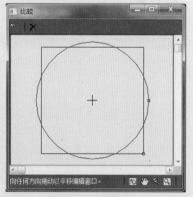

图4-9 图形错位

（3）选择"选择并旋转"工具 ，在视图放样体上旋转圆形，将其顺时针旋转45°使其与正方形起始顶点对齐，此时放样体的棱线不再扭曲，如图4-10所示。在"图形命令"卷展栏中选择其他图形的对齐方式，包括居中、默认、左、右、顶、底，还可以相应调整形相对于路径的位置偏移，如图4-11所示。

（4）使用 等工具可以对放样体的形进行移动、旋转、缩放，还可以在路径的各步距层复制形，关于形的复制我们将在放样实例部分做进一步介绍。

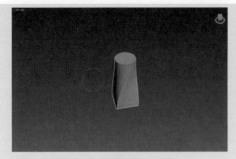

图 4-10 调整后的放样图形

图 4-11 图形对齐方式

3. 放样变形修改

放样功能不仅提供了很强的从二维到三维的建模手段，还可以进一步用放样变形命令对放样体的轮廓进行修改和控制，使三维造型的功能更加强大。选择某放样，选择"修改"命令面板 后，可在控制面板的下方找到"变形"卷展栏，单击展开后如图 4-12 所示，有 5 种变形命令。

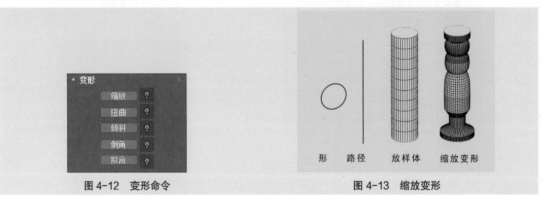

图 4-12 变形命令　　　　　　　　　　图 4-13 缩放变形

（1）缩放变形：通过缩放形在路径 x、y 方向上的比例大小，对放样体的外轮廓进行变形修改，如图 4-13 所示。

（2）扭曲变形：放样体的形在垂直于放样路径的方向旋转扭曲，产生变形，如图 4-14 所示。

（3）倾斜变形：放样体的形相对于放样路径沿 x、y 两个方向产生倾斜变形，如图 4-15 所示。

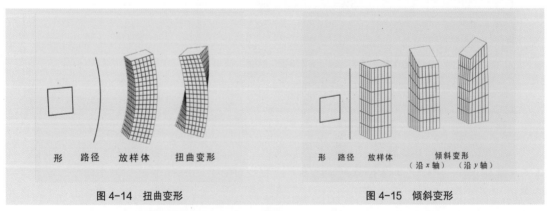

图 4-14 扭曲变形　　　　　　　　　　图 4-15 倾斜变形

（4）倒角变形：制作放样体边沿的倒棱，如图 4-16 所示。

（5）拟合变形：由物体的三视图创建三维对象的方法，用一个形沿路径（z 轴）放样，然后用其他两个形控制 x、y 方向的形状，生成放样体。一般用于创建形状不规则的曲面体，如图 4-17 所示。

图 4-16 倒角变形

图 4-17 拟合变形

4.2 用放样实现画框与窗帘模型的创建

1. 创建画框

画框模型的制作步骤简述如下。

（1）绘制路径和画框的截面形状，画框外轮廓也是放样的路径，如图 4-18 所示，画框的截面形状是由直线和曲线组成的封闭图形。在顶视图中绘制一个矩形和正方形（注意两个图形的比例），如图 4-19 所示。

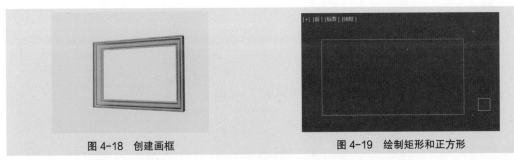

图 4-18 创建画框

图 4-19 绘制矩形和正方形

（2）用"编辑样条线"修改器将正方形编辑为画框的截面，如图 4-20 所示，具体操作过程在项目 3 创建石膏线时已经详细讲过，这里不再重复讲述。

（3）选择矩形，选择"几何体"命令面板 ◯，在下拉列表框中选择"复合对象"，选择"放样"命令，在弹出的参数栏中选择"获取图形"命令，在视图中指定编辑好的截面形，完成放样操作，如图 4-21 所示。最终得出图 4-18 所示的画框模型。

图 4-20 编辑画框截面

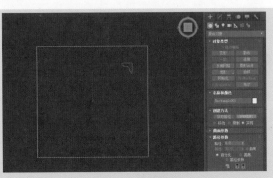

图 4-21 放样操作

2. 创建窗帘

（1）在"创建"命令面板➕上选择"图形"命令面板⬚，选择"线"命令，在"创建方法"卷展栏中设置"初始类型"和"拖动类型"为平滑，这样画出的线是光滑曲线。在前视图中绘制两条曲线和一条直线，第一条曲线比较规范，作为窗帘放样的上部形，第二条曲线变化稍微大些，作为窗帘放样下部形，如图 4-22 所示。

微课
创建窗帘

（2）选择直线，选择"几何体"命令面板◯，在下拉列表中选择"复合对象"，选择"放样"命令，在弹出的卷展栏中选择"获取图形"命令，在视图中选择第一条曲线，设置"路径"为 100% 后，选择第二条曲线，这样窗帘即放样完成，如图 4-23 所示。

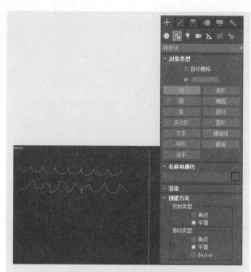

图 4-22　绘制曲线与直线

（3）由于放样的曲线图形不是封闭的图形，因此放样结果是没有厚度的单面模型，渲染时只有一面能看到，对于这样的单面模型，可以指定双面材质或应用"壳"修改器使其产生厚度。

（4）在"修改器列表"中选择"壳"修改器，设置"外部量"为 0.1mm，使窗帘可见，如图 4-24 所示。

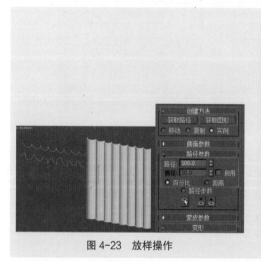

图 4-23　放样操作

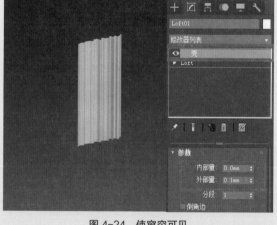

图 4-24　使窗帘可见

4.3　改善窗帘模型和创建花瓶模型——放样变形

4.3.1　创建收起的窗帘模型

为了使窗帘能收起来，如图 4-25 所示，可以在命令面板上回到放样操作，在"变形"卷展栏选择"缩放"命令，在打开的"缩放变形"窗口中进行设置，如图 4-26 所示。

微课
创建收起的窗帘模型

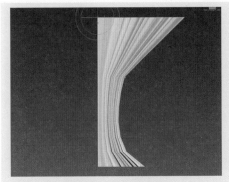

图 4-25　收起的窗帘

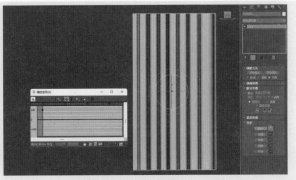

图 4-26　"缩放变形"窗口

1. 缩放变形

在打开的窗口中选择"插入角点"工具，在红色线段中部单击以添加一个角点。图中横坐标表示放样路径长度（100%），纵坐标是缩放比例。用"移动控制点"工具将添加的角点下移，如图 4-27 所示，此时视图中的窗帘中部已经收起，如图 4-28 所示。

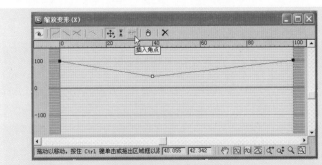

图 4-27　添加角点并移动

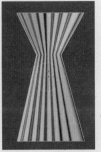

图 4-28　窗帘收起

2. 定制"修改"命令面板

选择中间角点单击鼠标右键，设置其类型为"Bezier- 角点"，如图 4-29 所示。此时可以调整角点两边的调控杆以改变角点两边为曲线形状，同样也可以调整左边和右边的顶点，从而控制窗帘的形状为曲线，如图 4-30 所示。

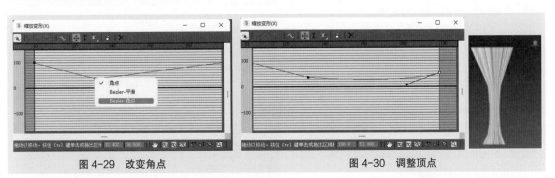

图 4-29　改变角点　　　　　　　　　　　　　　图 4-30　调整顶点

将窗帘调整为向一侧收拢。在"修改"命令面板中单击"Loft"前面的"▶"按钮，选择"图形"选项，在视图中拾取放样体（窗帘）上部的形，在"对齐"选项组中选择"左"对齐方式，此时窗帘上部左移使左边对齐到坐标点，如图 4-31 所示。

用同样的操作方法使窗帘下部的形也实现"左对齐"，窗帘收拢的效果完成，如图 4-32 所示。

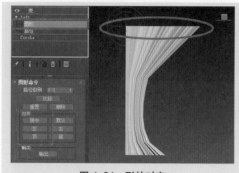
图 4-31　形的对齐

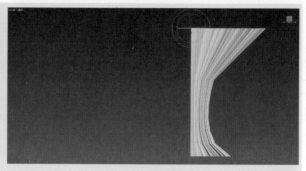
图 4-32　收拢的窗帘

4.3.2　创建花瓶模型

本例通过二维线的编辑和挤出来创建花瓶模型，模型如图4-33所示，操作步骤如下。

（1）绘制路径和花瓶的截面，花瓶外轮廓是放样的路径，在"创建"命令面板<kbd>＋</kbd>上选择"图形"命令面板<kbd>◻</kbd>，选择"多边形"命令，设置"边数"为18，勾选"圆形"复选框，在顶视图中创建一个有18个顶点的多边形，如图4-34所示。

图 4-33　花瓶模型

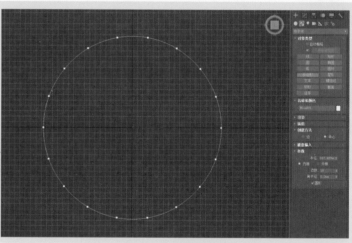
图 4-34　创建多边形

（2）选择"修改"命令面板<kbd>◪</kbd>，选择"编辑样条线"修改器，选择"顶点"子对象，勾选"锁定控制柄"复选框，在视图中选择所有顶点，用"选择并移动"工具<kbd>✛</kbd>移动控制柄上的绿色顶点使圆形变为波浪形曲线，如图4-35所示。

（3）选择"样条线"子对象，选择"轮廓"命令，在样条线上移动鼠标指针产生双线，如图4-36所示。

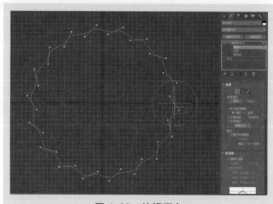
图 4-35　编辑顶点

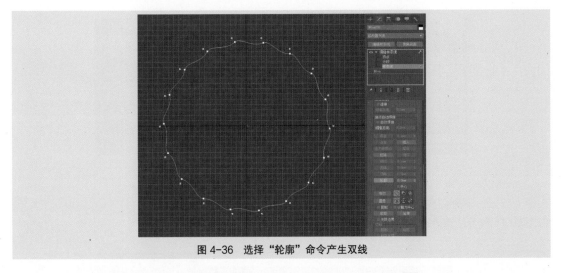

图 4-36　选择"轮廓"命令产生双线

（4）在前视图中绘制直线作为放样路径，选择"几何体"命令面板⚪，在下拉列表中选择"复合对象"，选择"放样"命令，在"创建方法"卷展栏中选择"获取图形"命令后，在顶视图中拾取波浪形曲线，如图 4-37 所示，放样的结果如图 4-38 所示。

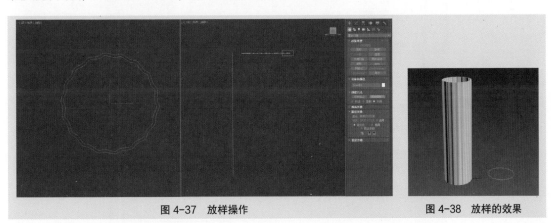

图 4-37　放样操作　　　　　　　　　　　图 4-38　放样的效果

（5）在"变形"卷展栏中选择"缩放"命令，打开"缩放变形"窗口，用"插入角点"工具✳在图 4-39 所示位置加入两个控制点。

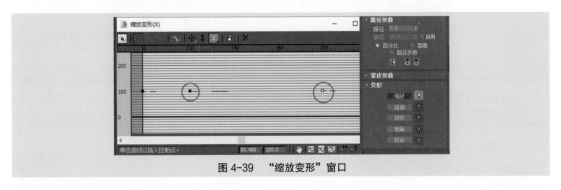

图 4-39　"缩放变形"窗口

（6）分别改变控制点性质（在控制点上单击鼠标右键），调整调控杆方向，使放样体的径向缩放变为我们设计的花瓶的形状，如图 4-40 所示。

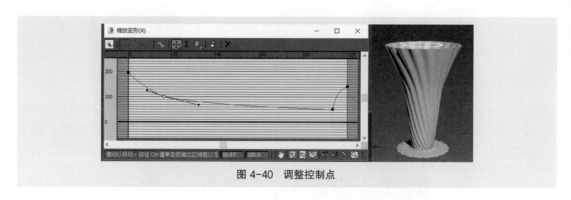

图 4-40　调整控制点

（7）在"变形"卷展栏中选择"扭曲"命令，打开"扭曲变形"窗口，用"插入角点"工具 ✱ 在图 4-41 所示位置添加一个控制点。

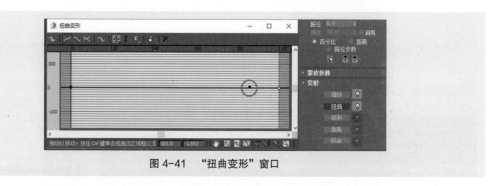

图 4-41　"扭曲变形"窗口

（8）调整控制点位置，使花瓶外形产生扭曲花纹，如图 4-42 所示。

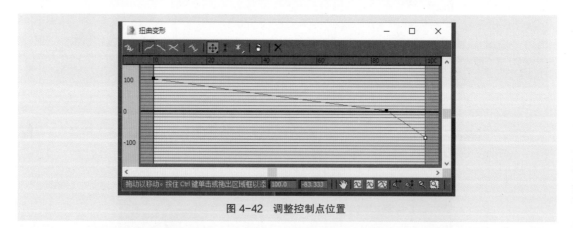

图 4-42　调整控制点位置

4.4　放样建模综合训练

1. 罗马柱制作——缩放变形实例

从图 4-43 所示的罗马柱模型可以看出，放样罗马柱的路径是一条直线，形有两个，一是圆，二是带波浪花边的圆，上下两部分的直径变化可以用缩放变形来实现。罗马柱放样建模步骤如下。

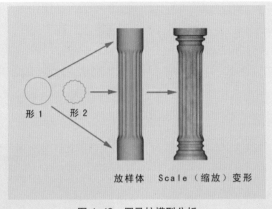

图 4-43 罗马柱模型分析

（1）在"创建"命令面板➕上选择"图形"命令面板◩，选择"多边形"命令，设置"边数"为18，勾选"圆形"复选框，在顶视图中创建一个具有18个顶点的多边形，如图4-44所示。

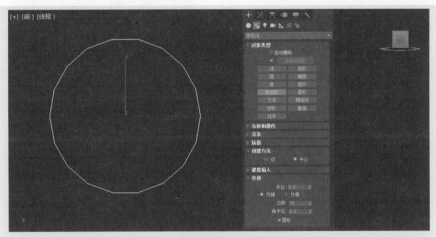

图 4-44 创建的具有 18 个顶点的多边形

（2）选择"编辑样条线"修改器，选择"顶点"子对象，勾选"锁定控制柄"复选框，使用"选择对象"工具▥框选18个顶点，用"选择并移动"工具✛移动一个顶点调控杆上的绿色节点，使所有顶点都同时移动，让多边形呈现出波浪形状。如图4-45所示。

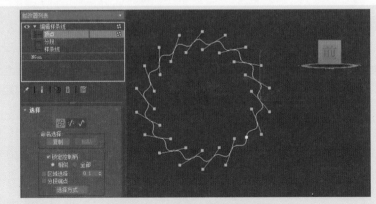

图 4-45 让多边形呈现出波浪形状

（3）绘制一条直线和一个圆，圆的半径比波浪圆的稍大，如图 4-46 所示。

（4）确定直线为当前选择，在"创建"命令面板 ✚ 上选择"几何体"命令面板 ◯，在下拉列表框中选择"复合对象"，选择"放样"命令。

（5）选择"获取图形"命令，拾取圆形，放样体为圆柱，改变"路径"数值为 15，拾取圆形，改变"路径"数值为 20，拾取波浪圆形，改变"路径"数值为 80，拾取波浪圆形，改变"路径"数值为 85，拾取圆形，得到图 4-47 所示的柱体初步模型。

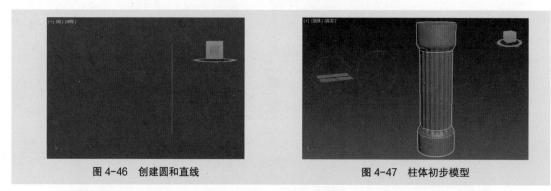

图 4-46　创建圆和直线　　　　　　　　　图 4-47　柱体初步模型

（6）确认罗马柱为当前选择，选择"修改"命令面板 ⌐，在命令面板最下方的"变形"卷展栏中选择"缩放"命令，打开图 4-48 所示的"缩放变形"窗口。

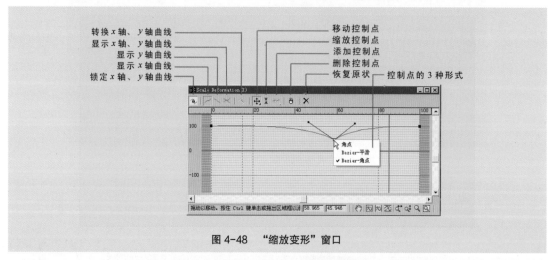

图 4-48　"缩放变形"窗口

窗口左上方的 5 个工具主要用于控制 x 轴、y 轴的曲线显示，右边的 5 个工具主要用来移动、缩放、添加、删除控制点和使曲线恢复原状。选中某个控制点后单击鼠标右键，在弹出的快捷菜单中可以改变控制点的类别（角点——使控制点两边呈直线，Bezier- 平滑——可以调整控制点的调控杠来改变两侧的曲线变化，Bezier- 角点——可以分别调整两侧的调控杆来改变曲线方向）。

（7）使用"插入角点"工具 ✳ 在曲线两侧（圆柱部分）添加若干控制点。使用"移动控制点"工具 ✛ 改变罗马柱顶部控制点的位置，此时场景中的放样体轮廓线也随之变化，必要时可改变控制点的类型，以调整为我们所需要的曲线轮廓。图 4-49 所示为罗马柱顶部的缩放变形曲线和渲染结果。（为了与变形曲线比较，我们特地将罗马柱的方向改变为水平的。）

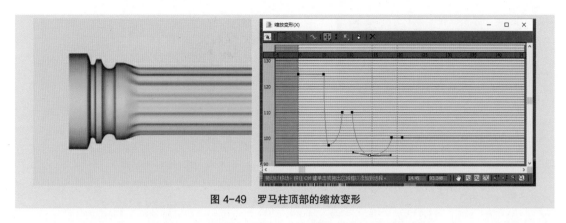

图 4-49　罗马柱顶部的缩放变形

（8）用同样的方法调整罗马柱底部的控制点，使缩放变形曲线满足需求。图 4-50 所示为调整曲线后的罗马柱形状。

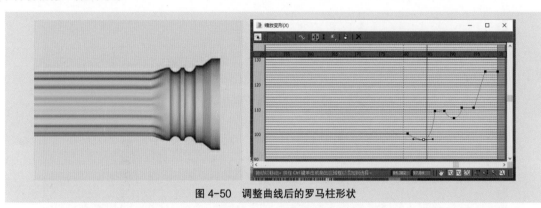

图 4-50　调整曲线后的罗马柱形状

（9）为罗马柱加上合适的材质，最终渲染效果如图 4-51 所示。

图 4-51　罗马柱的渲染效果

图 4-52　吊灯效果图

2. 吊灯的制作——放样综合实例

从图 4-52 所示的吊灯效果图可以看出，吊灯主体部分是六边形柱体，可以用正六边形放样后进行缩放变形得到，灯罩部分也可以用星形编辑后放样并缩放变形得到，灯杆直接画线建模（设置可渲染参数）即可。

制作中心灯柱的步骤如下。

（1）在前视图中创建正六边形（半径 70mm 左右）和直线，如图 4-53 所示。

（2）以直线为路径，正六边形为形放样得到图 4-54 所示的放样体。

微课

吊灯的制作

图 4-53　创建正六边形和直线

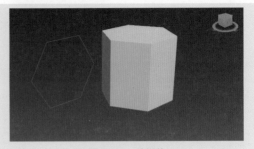

图 4-54　放样体

（3）选择放样体，在"变形"卷展栏中选择"缩放"命令，打开"缩放变形"窗口，在缩放曲线中间添加 4 个控制点，将第 1、3、4、6 点设置为"Bezier- 角点"，2、5 点设置为"Bezier- 平滑"。

（4）调整各控制点的位置和调控杆的位置，使曲线和放样体缩放结果如图 4-55 所示，完成灯柱的制作。

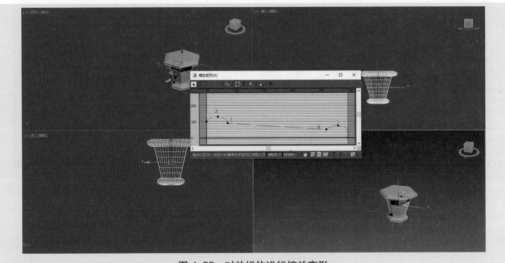

图 4-55　对放样体进行缩放变形

制作灯罩的步骤如下。

（1）在前视图中创建直线和星形，星形的参数如图 4-56 所示。

（2）选择"修改"命令面板，选择"编辑样条线"修改器，选择"样条线"子对象，选择"轮廓"命令使星形变为双线，如图 4-57 所示。

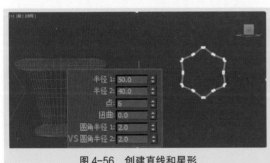

图 4-56　创建直线和星形

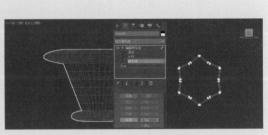

图 4-57　编辑星形为双线

（3）选择直线为路径，星形双线为形进行放样，产生的放样体如图 4-58 所示。

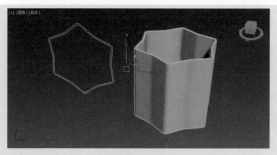

图 4-58 放样体

（4）选择放样体，在"变形"卷展栏中选择"缩放"命令，打开"缩放变形"窗口，在曲线偏右侧插入一个控制点，单击鼠标右键将控制点设置为"Bezier- 平滑"，并调整控制点的调控杆使曲线呈图 4-59 所示样式，放样体相应变化为图 4-60 所示的灯罩外形。

图 4-59　调整缩放曲线

图 4-60　放样体缩放结果

（5）从图中看出灯罩略显大，可用"选择并均匀缩放"工具 适当调小。用"选择并移动"工具 和"选择并旋转"工具 将灯罩位置调整为图 4-61 所示的大小和位置。

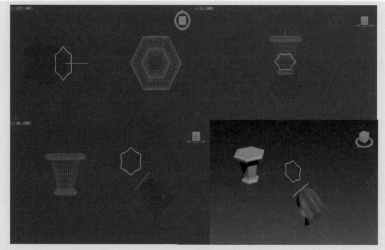

图 4-61　调整灯罩大小和位置

制作灯架的步骤如下。

（1）在"创建"命令面板 上选择"图形"命令面板 ，选择"弧"命令，在"渲染"卷展栏设置渲染"厚度"为 5，并勾选"在渲染中启用"和"在视口中启用"复选框，从灯柱到灯罩画弧，如图 4-62 所示。

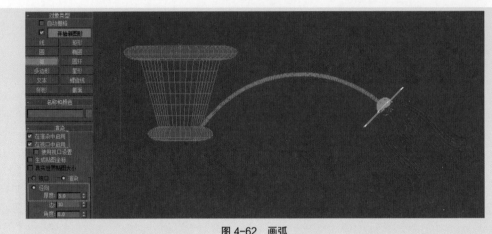

图 4-62　画弧

（2）在"创建"命令面板➕上选择"图形"命令面板，选择"线"命令，在"渲染"卷展栏设置渲染"厚度"为4，并勾选"在渲染中启用"和"在视口中启用"复选框在"创建方法"卷展栏中设置点的"初始类型"为"平滑"，"拖动类型"为"Bezier"，画两条曲线并编辑至图 4-63 所示形状（注意曲线的光滑和美观自然）。

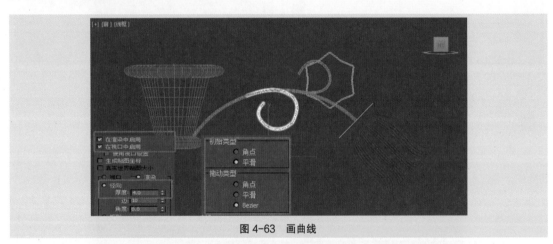

图 4-63　画曲线

（3）在灯罩与杆的连接处创建一个球体，如图 4-64 所示。

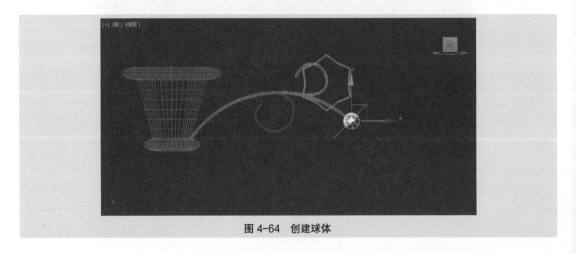

图 4-64　创建球体

（4）设置整列变换中心为灯柱，选择灯罩、球、圆弧和两条曲线，进行环形阵列。阵列参数和选项设置：阵列数量 6，旋转轴 Y，总计 360°。阵列后完成吊灯的建模，如图 4-65 所示。

（5）保存场景文件为"吊灯 .max"以后制作材质。

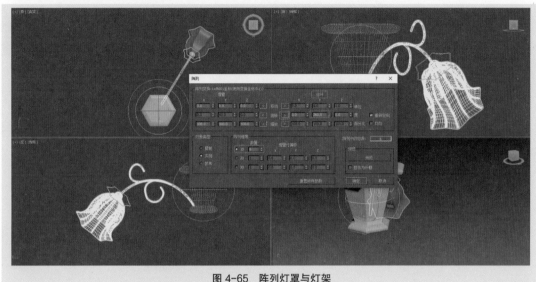

图 4-65　阵列灯罩与灯架

项目小结

本项目通过创建画框、窗帘、收起的窗帘、花瓶、罗马柱、吊灯等模型，讲解了放样的基本建模、路径与形、参数设置及调整的方法，以及缩放、扭曲从二维到三维的建模方法。

拓展实训

创建酒瓶盖模型，如图 4-66 所示。（提示：放样、扭曲、缩放命令。）

图 4-66　酒瓶盖模型

项目 5

05

复合建模与修改器建模

通过布尔运算的方法，我们可以制作出变化很丰富的三维模型。修改器是可以对模型进行编辑，改变其几何形状的命令集。修改器对于一些形状特殊的模型的创建具有非常强大的优势。

复杂的三维模型如何创建？

布尔运算和修改器如何使用？

本项目通过创建小房子、门窗、楼梯、栏杆、椅子、沙发、桌布等模型，讲解使用三维布尔运算进行建模的方法，并用弯曲、扭曲、锥化、布料、FFD 变形等修改器完成复杂模型的创建。

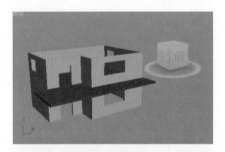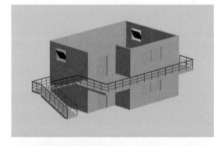
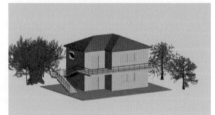

课堂学习目标

1. 掌握用三维布尔运算进行建模的方法
2. 学会弯曲、扭曲、锥化、布料、FFD 变形等修改器完成复杂建模
3. 熟练掌握修改器的操作与设置

5.1 布尔运算方法建模

两个相交的对象，例如图 5-1 所示的对象 A 和对象 B，可以进行 3 类不同的布尔运算。

· 并集（Union）运算——A、B 两个对象合为一个对象。

· 交集（Intersection）运算——产生的新对象是 A、B 两对象的相交部分（即公共部分）。

· 差集（Subtraction）运算——从一个对象中减去另一个对象，即图 5-1 所示的 A-B 或 B-A。

布尔运算参数面板如图 5-2 所示，操作方法如下。

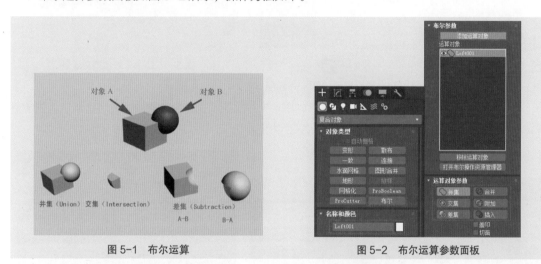

图 5-1 布尔运算　　　　　　　　　　　　　　　図 5-2 布尔运算参数面板

（1）选择需要进行布尔运算的对象，在"创建"命令面板 ✚ 上选择"几何体"命令面板 ◯，在下拉列表框中选择"复合对象"，在"对象类型"卷展栏中可以找到"布尔"命令或"ProBoolean"（超级布尔）命令，它们都可以进行两个对象的布尔运算，后者是较早版本的命令。"ProBoolean"命令参数面板如图 5-3 所示。

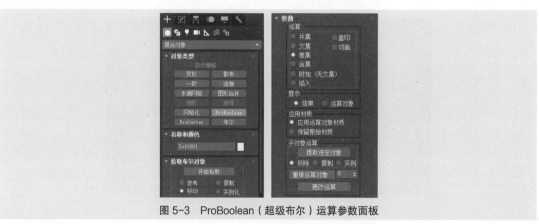

图 5-3　ProBoolean（超级布尔）运算参数面板

（2）单击 A，选择"布尔"命令，在"运算对象参数"卷展栏中选择运算类别（并集、交集、差集等），选择"拾取对象 B"命令，在视图中指定运算的第二个对象，完成布尔运算。

（3）"参考""复制""实例化"3 个选项分别控制运算结果与原对象的关联关系。"移动"（应为"移除"）选项则表示完成运算后不再保留运算前的两个对象。

（4）如果选择"ProBoolean"命令，在"拾取布尔对象"卷展栏中选择"开始拾取"命令，可以连续拾取多个对象实现布尔运算。

5.2　用命令面板与修改器创建小房子模型

5.2.1　创建小房子墙体模型

小房子最终渲染效果,如图5-4所示。

（1）在顶视图中单击"2D 捕捉"工具，设置捕捉对象为"栅格点"，在"创建"命令面板➕上选择"图形"命令面板，选择"线"命令，在顶视图中绘制小房子的平面图，如图5-5所示。

图 5-4　小房子最终渲染效果

（2）选择"修改"命令面板，选择"样条线"子对象，选择所画线段，在"轮廓"右侧数值框中输入 20mm，选择"轮廓"命令，所画线变为相距 20mm 的双线，如图5-6所示。

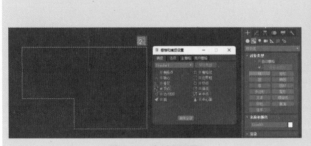

图 5-5　绘制平面图

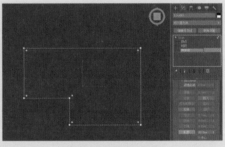

图 5-6　编辑样条线

（3）选择双线，选择"修改"命令面板，在下拉列表框中选择"挤出"修改器，设置"数量"为 6000mm，"分段"为 1，挤出图 5-7 所示的墙体。

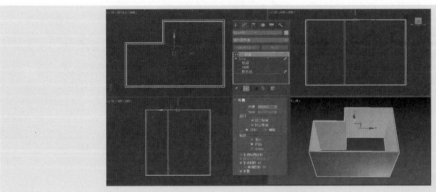

图 5-7　挤出墙体

5.2.2　创建小房子楼板模型

（1）单击"2D 捕捉"工具，设置捕捉对象为"栅格点"和"顶点"，如图 5-8所示，顺序捕捉相关点并绘制出楼板平面图。

（2）选择图平面，选择"修改"命令面板，在下拉列表框中选择"挤出"修改器，设置"数量"为200mm，挤出楼板，并将其向上移动到墙体中间，如图5-9所示。

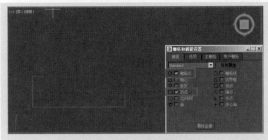

图5-8 绘制楼板平面图

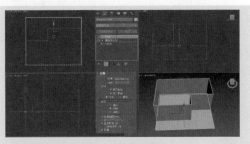

图5-9 挤出楼板

5.2.3 运用布尔运算创建门洞和窗洞

（1）在墙体上创建6个长方体与墙体相交，大小与位置由门、窗的大小位置确定，上下层可以复制，保证门窗统一，如图5-10所示。

（2）选择墙体，选择"几何体"命令面板，在下拉列表框中选择"复合对象"，选择"ProBoolean"/"差集"/"开始拾取"命令。

微课

运用布尔运算创建门洞和窗洞

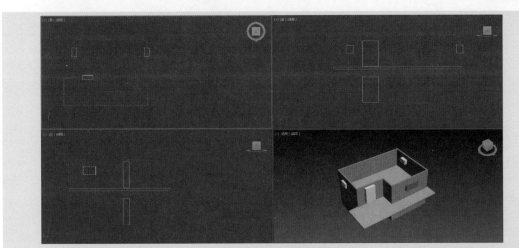

图5-10 布尔运算操作

5.2.4 创建门窗模型

微课

创建门窗模型

（1）选择"几何体"命令面板，在下拉列表框中选择"门"，选择"枢轴门"命令，激活"宽度/深度/高度"，从顶视图门洞的位置开始操作，具体方法是：按住鼠标左键拉出门的宽度，松开鼠标左键移动确定深度，单击确定后再移动鼠标指针确定高度，如图5-11所示。

（2）初步创建的门，其位置和尺寸很难一次达到要求，需将门的部分放大进行精确调整，选择"修改"命令面板，在参数栏内修改相关参数，使其与门洞吻合，如图5-12所示。

（3）将门复制到二层门框位置，同样进行精确移动调整。

（4）将视图放大到窗洞位置，选择"几何体"命令面板，在下拉列表框中选择"窗"，选择"推拉窗"命令，从顶视图开始操作，与门的创建方法类似，激活"宽度/深度/高度"。

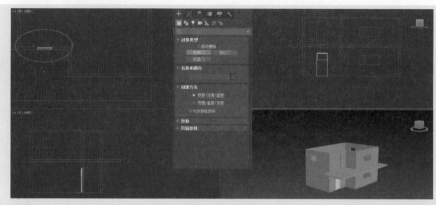

图 5-11 创建门

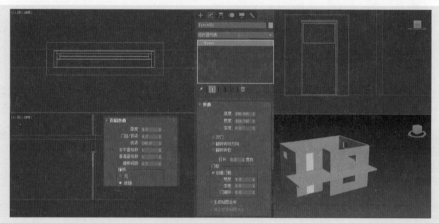

图 5-12 调整门的尺寸

（5）在前视图中将窗移动到窗洞位置，选择"修改"命令面板 ⬛，在"参数"卷展栏调整参数并运用"选择并移动"工具 ✥ 使窗的位置、大小与窗洞吻合，取消勾选"悬挂"复选框，使窗变为左右推拉，如图 5-13 所示。

图 5-13 创建推拉窗及调整窗的尺寸

（6）将窗复制到二层楼，并精确移动到位，在墙的侧面小窗洞处创建旋开窗，创建方式与推拉窗类似，不再详述，如图 5-14 所示。

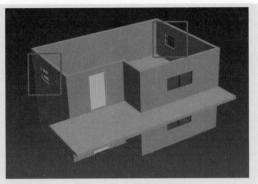

图 5-14　创建旋开窗

5.2.5　创建楼梯模型

（1）选择"几何体"命令面板，在下拉列表框中选择"楼梯"，选择"U 型楼梯"命令，在"参数"卷展栏激活"封闭式"，在顶视图墙的左侧创建楼梯，按住鼠标左键自下而上拉出长度，向右移动鼠标指针确定宽度，单击鼠标右键确定后向上拉动至楼板处确定高度，初步完成楼梯的创建。

（2）选择"修改"命令面板，在"参数"卷展栏调整参数，"布局"选项组的"长度 1""长度 2"约 4200mm，调整宽度略小于楼板超出墙的宽度，在"梯级"卷展，先设定"竖板数"为 20，单击其左边按钮将其锁定，再调整"总高"为 3370mm，如图 5-15 所示。以上调整的最终目的是使楼梯总长不超过房子后墙，宽度与楼板对齐，总高度与楼板持平。用"选择并移动"工具使楼梯靠齐墙。

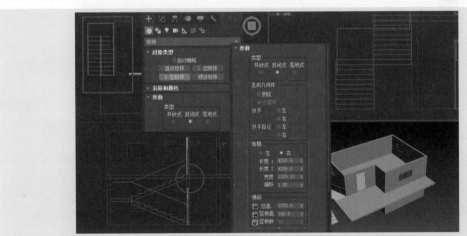

图 5-15　创建楼梯

5.2.6　创建栏杆扶手模型

（1）选择楼梯模型，在"参数"卷展栏勾选"扶手路径"中的"左""右"复选框，此时在视图中可以看到沿楼梯左右两侧出现了两条折线，如图 5-16 所示。

（2）左扶手靠墙面的一段是不需要栏杆的，为此我们先对左扶手路径进行编辑，删去靠墙面的线段。选择左扶手路径，选择"编辑样条线"修改器，选择"分段"子对象，在透视视图中选择靠墙的两段线段，如图 5-17 所示，按"Delete"键将其删除。

图 5-16　打开楼梯扶手路径

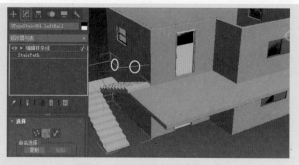

图 5-17　删除靠墙的两段线段

（3）选择"几何体"命令面板 ◯ ，在下拉列表框中选择"AEC 扩展"，选择"栏杆"命令，选择"拾取栏杆路径"命令，在透视视图中拾取左扶手路径，初步创建栏杆，如图 5-18 所示。

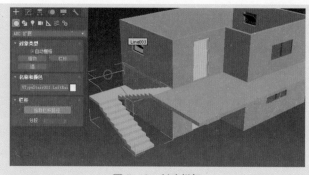

图 5-18　创建栏杆

（4）设置"分段"为 6，勾选"匹配拐角"复选框，上围栏部分"剖面"选择"圆形"选项，"深度"和"宽度"设为 60mm，"高度"设为 700mm。

（5）下围栏部分"剖面"选择"圆形"选项，"深度"和"宽度"设为 30mm，单击"下围栏间距"按钮 ，在打开的"下围栏间距"窗口中设置"计数"为 2。

（6）立柱部分"剖面"选择"圆形"选项，"深度"和"宽度"设为 40mm，单击"下围栏间距"按钮 ，在打开的"立柱间距"窗口中设置"计数"为 4，如图 5-19 所示。

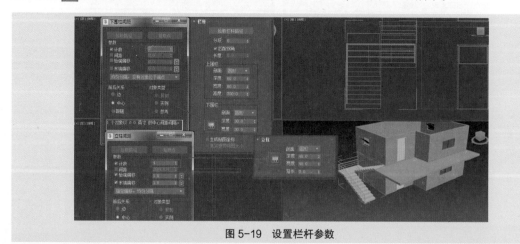

图 5-19　设置栏杆参数

（7）用"选择并移动"工具 将栏杆扶手下移到立柱以接触楼梯，如图 5-20 所示。

（8）为了使右扶手栏杆与二层楼的栏杆连接在一起，先绘制二层栏杆路径并将其"附加"到右扶手路径上。在顶视图中绘制折线1—2—3—4，如图5-21所示。

图5-20　移动栏杆扶手

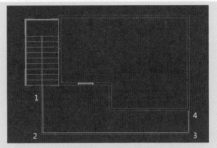

图5-21　绘制折线

（9）在前视图中将折线向上移动到右扶手路径的位置，并在前视图、左视图中调整，使其对准右扶手路径，如图5-22所示。

图5-22　移动对准右扶手路径

（10）确定折线为当前选择，选择"修改"命令面板，在"几何体"卷展栏中选择"附加"命令并拾取右扶手路径，将两条线合为一条线，如图5-23所示。

（11）选择"顶点"子对象，在左视图中框选两段线的重合顶点，在面板下方设置"焊接"值为50mm，选择"焊接"命令，将两个顶点合为一个，如图5-24所示。

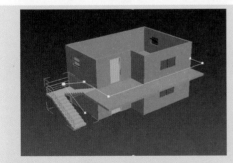

图5-23　附加为一条线

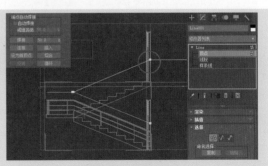

图5-24　焊接顶点

（12）选择"几何体"命令面板，在下拉列表框中选择"AEC扩展"，选择"栏杆"命令，选择"拾取栏杆路径"命令，在顶视图或透视视图中拾取组合在一起的扶手路径，初步创建栏杆，如图 5-25 所示。

（13）栏杆参数的设置参照前面所述左栏杆的设定值，用"选择并移动"工具 ✛ 将栏杆扶手下移至合适位置。

（14）统一墙、楼板、楼梯的颜色，统一栏杆颜色，小房子渲染效果如图 5-26 所示。

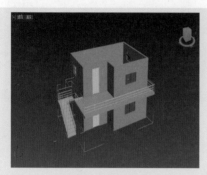

图 5-25　创建栏杆

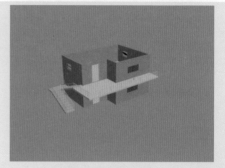

图 5-26　渲染效果

5.2.7　创建屋顶模型

微课

创建屋顶模型

（1）选择"2D 捕捉"工具 ，在顶视图中绘制屋顶线，离墙线周边约 300mm，如图 5-27 所示。

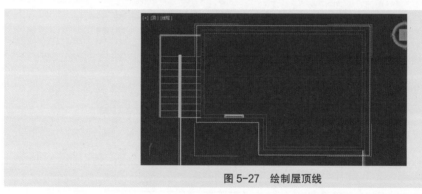

图 5-27　绘制屋顶线

（2）选择"挤出"修改器，设置"分段数"为 2，挤出屋顶并向上移动到墙的上方，如图 5-28 所示。

（3）选择"编辑网格"修改器，框选上层顶点，用"选择并移动"工具 ✛ 将其上移到合适高度，如图 5-29 所示。

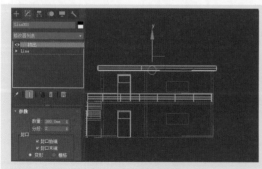

图 5-28　挤出屋顶

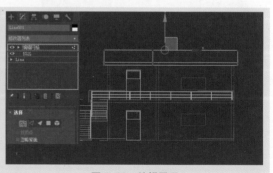

图 5-29　编辑屋顶

（4）用"选择并均匀缩放"工具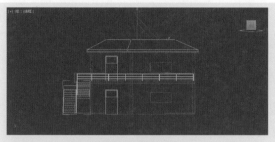缩小顶点，使顶点收拢，如图 5-30 所示。

（5）在顶视图中继续调整顶点，移动相关顶点将其集中到图 5-31 所示位置（注意线段接近重合，但不能相交）。屋顶效果如图 5-32 所示。

（6）选择"几何体"命令面板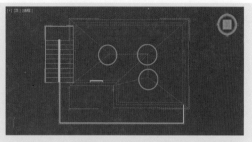，在下拉列表框中选择"标准基本体"，选择"长方体"命令，在顶视图中创建地面，如图 5-33 所示。

图 5-30　缩小顶点

图 5-31　集中顶点

图 5-32　屋顶效果

图 5-33　创建地面

5.2.8　创建植物模型

（1）选择"几何体"命令面板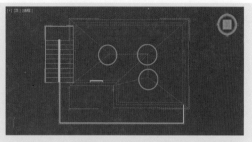，在下拉列表框中选择"AEC 扩展"，选择"植物"命令，在面板下方"收藏的植物"中选择树木，在顶视图中单击，创建植物，还可以打开下方的"植物库"选择更多植物，如图 5-34 所示。

（2）选择创建好的植物，选择"修改"命令面板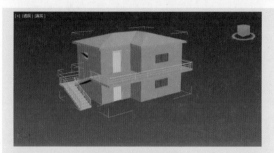，可以对植物的各项参数进行设置，如图 5-35 所示。

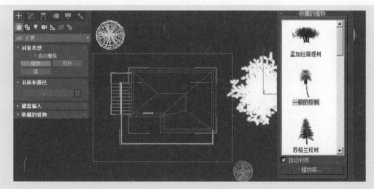

图 5-34　创建植物

图 5-35　植物参数

（3）保存文件为"小房子 .max"，以便学习材质后继续完善效果图。

5.3 用命令面板与修改器创建椅子、沙发、圆桌、桌布模型

5.3.1 创建椅子模型

分析图 5-36 所示的椅子效果图可知，椅子外形可以由创建的切角长方体弯曲变形而成，扶手可以直接画线编辑并设置可渲染厚度完成，步骤如下。

图 5-36　椅子效果

（1）选择"几何体"命令面板 ，在下拉列表框中选择"扩展基本体"，选择"切角长方体"命令，在前视图中创建切角长方体，"长度"为 1600mm，"宽度"为 600mm，"高度"为 80mm，"圆角"为 40mm，"长度分段"为 32，"宽度分段"为 10，"高度分段"和"圆角分段"为 5，如图 5-37 所示。

（2）选择切角长方体，选择"弯曲"修改器，设置"角度"为 -30°，弯曲轴选 x 轴，切角长方体第一次弯曲如图 5-38 所示。

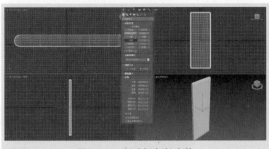

图 5-37　创建切角长方体

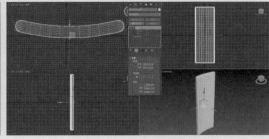

图 5-38　第一次弯曲

（3）在左视图中用"选择并旋转"工具 将切角长方体旋转 4°，如图 5-39 所示。

（4）在下拉列表框中选择"弯曲"修改器，设置"角度"为 97.5°，"方向"为 90°，弯曲轴选 y 轴，勾选"限制效果"复选框，"下限"为 -30mm，"上限"为 0mm，如图 5-40 所示。

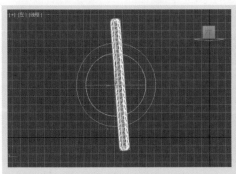

图 5-39　旋转切角长方体

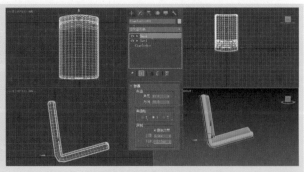

图 5-40　第二次弯曲

（5）观察第二次弯曲后的效果，发现靠背部分过长，坐的部分短了。我们可以通过移动弯曲中

心来进行调整。单击修改器前的"▶"按钮，展开弯曲子对象，选择"中心"选项，用"选择并移动"工具✛将坐标轴上移，使靠背与坐的部分比例合适，如图 5-41 所示。

（6）第三次弯曲椅子靠背。选择"弯曲"修改器，移动中心到靠背上方，设置"角度"为 −40°，"方向"为 90°，弯曲轴选 y 轴，"下限"为 0mm，"上限"为 25mm，勾选"限制效果"复选框，如图 5-42 所示。

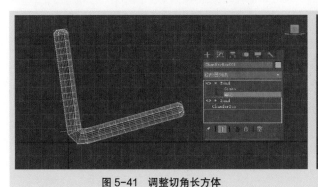 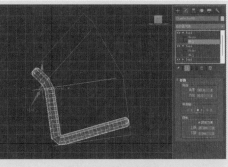

图 5-41　调整切角长方体　　　　　图 5-42　第三次弯曲

（7）选择"图形"命令面板❷，在下拉列表框中选择"样条线"选择"线"命令，在"渲染"卷展栏中勾选"在渲染中启用"和"在视口中启用"复选框，设置径向"厚度"为 3mm，在左视图中参照切角长方体绘制折线作为扶手，如图 5-43 所示。

（8）在前视图或顶视图中移动扶手到椅子左侧，并复制一个到椅子右侧。

（9）选择"3D 捕捉"工具**3ᵇ**，单击鼠标右键，在打开的窗口中设置捕捉目标为"顶点"，如图 5-44 所示。

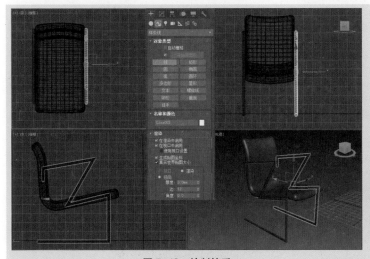 

图 5-43　绘制扶手　　　　　图 5-44　设置三维顶点捕捉

（10）选择"线"命令，在"渲染"卷展栏中勾选"在渲染中启用"和"在视口中启用"复选框，设置径向"厚度"为 3mm，在透视视图中从图 5-45 所示的 1 到 2 画线，保证了所画直线的两个顶点均落在左右扶手的端点上。

（11）选择"修改"命令面板❷，在面板上的"编辑几何体"卷展栏中选择"附加"命令，在视图中选择左右两个扶手，3 段线就合为一个对象了，如图 5-46 所示。

图 5-45　画线

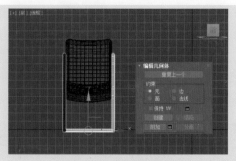

图 5-46　编辑"附加"

（12）尽管合为同一对象，但 3 段线还是各自独立的"样条"，为了进行圆角处理，必须把相重的顶点进行"焊接"。单击"顶点"子对象，框选相重的顶点，在命令面板上单击"焊接"按钮，必要时适当加大右侧的焊接阈值，这样整个线段就合并为同一样条。

（13）选择相应的顶点，选择面板上的"圆角"命令，如图 5-47 所示。在视图中将所选的顶点修改为带圆角的顶点，如图 5-48 所示。

（14）保存文件为"椅子 .max"。

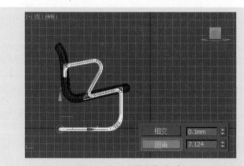

图 5-47　"圆角"命令

图 5-48　圆角效果

5.3.2　创建沙发模型

微课

创建沙发模型

1. 创建坐垫

分析图 5-49 所示的沙发效果图可知，沙发外形可以通过创建切角长方体完成，扶手可以直接画线编辑并设置可渲染厚度完成，步骤如下。

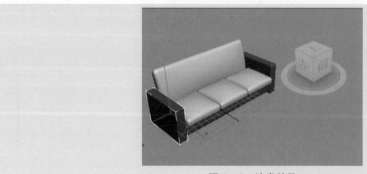

图 5-49　沙发效果

（1）选择"几何体"命令面板 ◯，在下拉列表框中选择"扩展基本体"，选择"切角长方体"

命令，在顶视图中创建切角长方体，参数如图 5-50 所示。

图 5-50 创建切角长方体

（2）选择"修改"命令面板 ⊡，在下拉列表框中选择"FFD 3×3×3"修改器，切角长方体出现橘黄色控制点及框架。单击"FFD 3×3×3"前的"▶"按钮，选择"控制点"子对象，在顶视图中选择中间一组顶点，并按住 Alt 键，在左视图中减去下面两层的控制点，如图 5-51 所示。

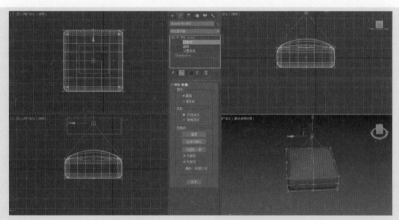

图 5-51 选择上层中间控制点

（3）用"选择并移动"工具 ✛ 向上移动顶点，此时控制点带动切角长方体中间部分向上凸起，如图 5-52 所示。

（4）选择"工具"/"阵列"命令，图 5-53 所示，复制出 3 个长方体。

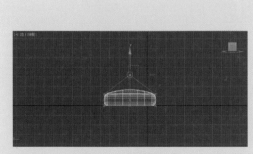

图 5-52 移动控制点

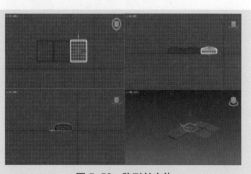

图 5-53 阵列长方体

2. 创建靠背

（1）选择"扩展基本体"/"切角长方体"命令，在前视图中创建切角长方体，参数如图 5-54 所示。并将其移动到坐垫后方。

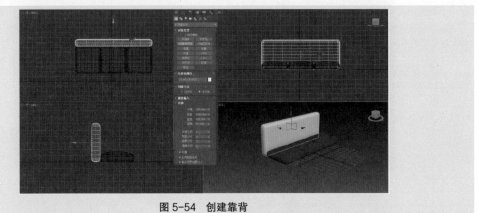

图 5-54　创建靠背

（2）选择"修改"命令面板 ，在下拉列表框中选择"FFD 3×3×3"修改器，用同样方法移动中间控制点使靠背中部凸起，如图 5-55 所示。

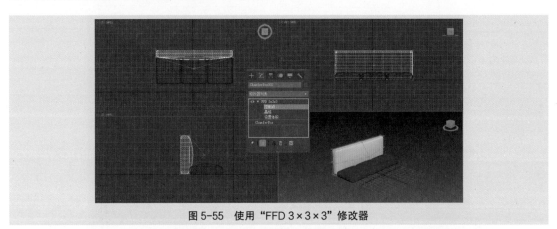

图 5-55　使用"FFD 3×3×3"修改器

（3）选择"修改"命令面板 ，在下拉列表框中选择"锥化"修改器，设置锥化"数量"为 -1.0，"曲线"为 0.72，锥化轴"主轴"选择 y 轴，"效果"选择 z 轴，如图 5-56 所示。

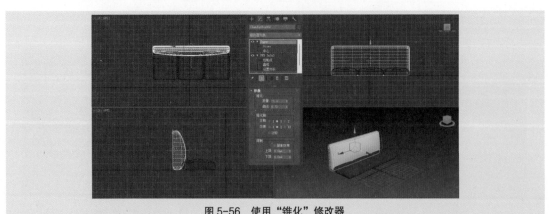

图 5-56　使用"锥化"修改器

（4）在左视图中用"选择并旋转"工具 旋转靠背，如图 5-57 所示。

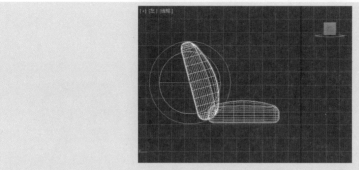

图 5-57　旋转靠背

3. 创建扶手和底座

（1）在顶视图中创建切角长方体，设置"长度"为 50mm，"宽度"为 165mm，"高度"为 −15mm，"圆角"为 3mm，并将其与靠背、坐垫对齐，如图 5-58 所示。

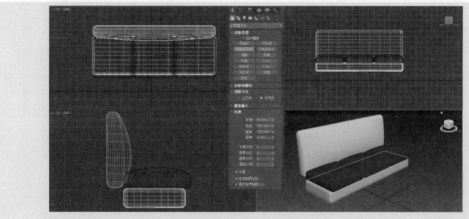

图 5-58　创建底座并调整位置

（2）同样用切角长方体在左视图中创建扶手，尺寸与位置如图 5-59 所示，并用"选择并移动"工具 将其移动到沙发左侧，复制一个放置到沙发右侧。

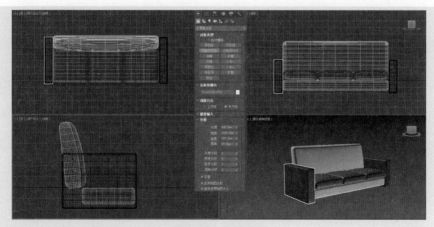

图 5-59　创建扶手

（3）调整沙发各部分颜色，效果如图 5-59 所示。保存场景文件为"沙发 .max"。

5.3.3　创建圆桌及桌布模型

1. 创建圆桌

分析图 5-60 所示的圆桌及桌布效果图，桌面可以通过创建切角圆柱体完成，桌布可以根据模拟计算编辑并设置完成，创建圆桌的步骤如下。

（1）选择"几何体"命令面板 ，在下拉列表框中选择"扩展基本体"，选择"切角圆柱体"命令，在顶视图中创建圆桌面。参数如下："半径"为 700，"高度"为 20，"圆角"为 2，"高度分段"为 4，"圆角分段"为 1，"边数"为 36，"端面分段"为 1。如图 5-61 所示。

图 5-60　圆桌及桌布效果图

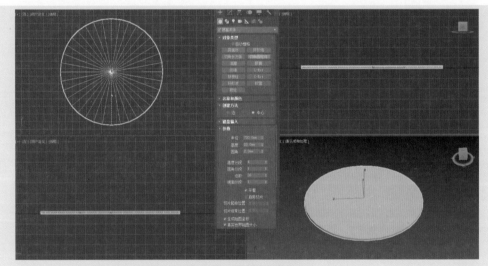

图 5-61　创建切角圆柱体

（2）在前视图中用画线命令绘制图 5-62 所示的桌腿线。

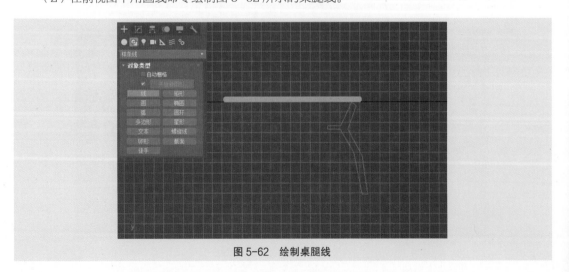

图 5-62　绘制桌腿线

（3）选择"修改"命令面板![],单击"顶点"子对象,改变顶点性质,调整曲线并选择相应的顶点,用"圆角"命令将图5-63所示的部分顶点修改为圆角。

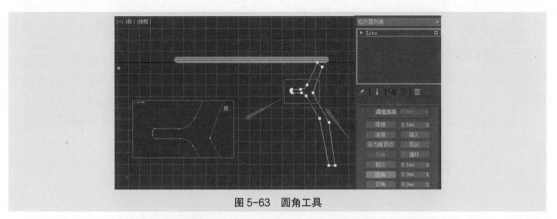

图5-63 圆角工具

（4）选择"图形"命令面板![],在下拉列表框中选择"样条线",选择"弧"命令,在前视图中绘制圆弧并修改"半径"为22,"从"为290,"到"为70,如图5-64所示。

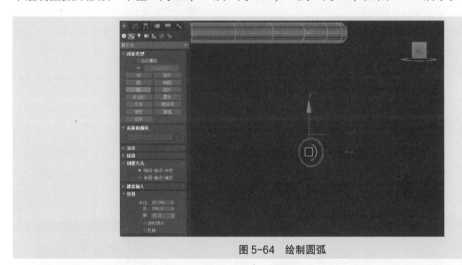

图5-64 绘制圆弧

（5）选择桌腿线段,选择"修改"命令面板![],在下拉列表框中选择"倒角剖面"修改器并选择"拾取剖面"命令在视图中拾取刚画的圆弧,如图5-65所示,完成桌腿的创建,如图5-66所示。

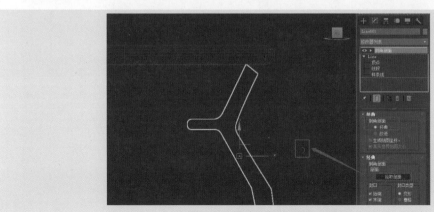

图5-65 使用"倒角剖面"修改器

（6）在顶视图中将桌腿对齐到桌面中间，如图 5-67 所示。

图 5-66　完成桌腿的创建

图 5-67　移动桌腿

（7）在工具栏的"参考坐标系"下拉列表中选择"拾取"选项，并在视图中拾取桌面为坐标系参照物，在右侧的变换中心工具组中选择"使用变换坐标中心" 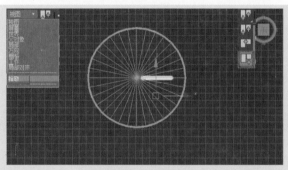，如图 5-68 所示。

图 5-68　设置新的变换中心

（8）选择"工具"/"阵列"命令，在弹出的"阵列"对话框中设置阵列参数：绕 z 轴旋转的"增量"为 120°，"阵列维度"选"1D"，"数量"为 3。单击"预览"按钮，视图中阵列结果正确，单击"确定"按钮，如图 5-69 所示。

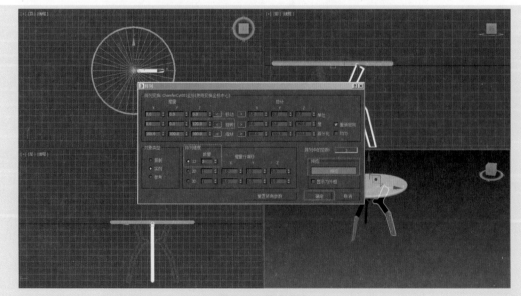

图 5-69　阵列桌腿

（9）在前视图中选择桌面，向下复制到图 5-70 所示的位置，修改"半径"为 26，"高度"为 4，"圆角"为 1.5。

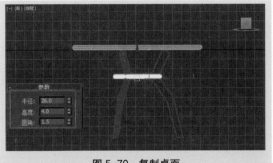

图 5-70　复制桌面

（10）调整桌面颜色，保存文件为"圆桌.max"。

2. 创建桌布

（1）选择"几何体"命令面板 ◯，在下拉列表框中选择"标准基本体"，选择"平面"命令，在顶视图中创建"长度"为 180，"宽度"为 180 的平面作为桌布，设置"长度分段"与"宽度分段"为 50，并将其移动到桌面上方与桌面对齐，如图 5-71 所示。

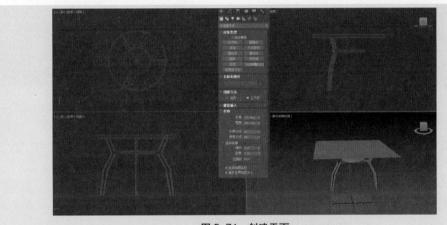

图 5-71　创建平面

（2）选择平面（桌布），选择"修改"命令面板 ◢，在下拉列表框中选择"Cloth"（布料）修改器，选择"对象属性"命令，打开"对象属性"对话框。在对话框左侧"模拟对象"列表框中选择"Plane01（平面）"选项并激活"布料"，单击"确定"按钮，这样就把平面（桌布）材质设为"布料"了，如图 5-72 所示。

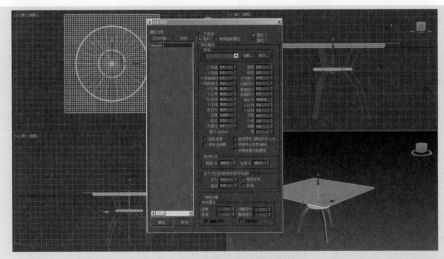

图 5-72　指定平面材质为布料

（3）单击"添加对象"按钮，在打开的对话框中选择"切角圆柱体"（即桌面），单击"添加"按钮添加对象，如图 5-73 所示。

图 5-73　添加对象

（4）在"对象属性"对话框中选择刚添加的桌面，激活"冲突对象"，单击"确定"按钮，这样就将桌面设为阻挡布料变形的物体，如图 5-74 所示。

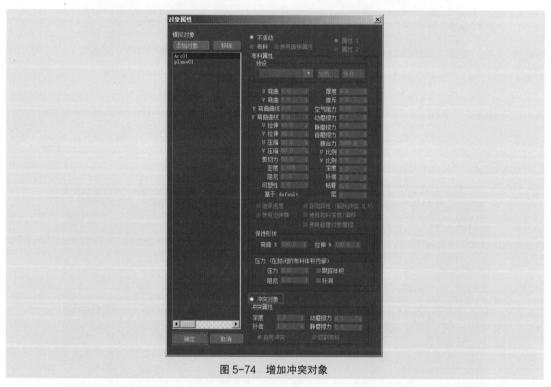

图 5-74　增加冲突对象

（5）在面板下方"模拟参数"卷展栏中勾选"自相冲突"复选框，选择"模拟局部"命令系统开始计算布料，桌布开始逐渐下垂，形态合适时，再次选择"模拟局部"命令。也可以选择"模拟"按钮，布料以动画方式进行计算，直到视图下方的动画滑块从"1/100"移动到"100/100"为止，完成模拟计算，如图 5-75 所示。如果发现桌布与桌面（即切角圆柱体）有部分相交，可以适当上移桌布使其离开桌面来改善这种情况。

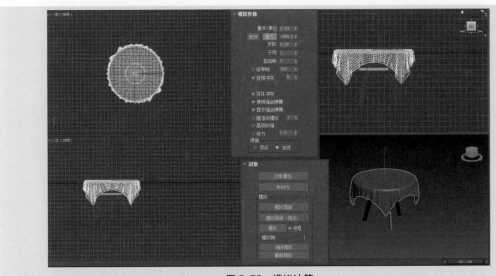

图 5-75　模拟计算

5.4　三维建模

5.4.1　门和窗的创建

1. 门的创建

在"创建"命令面板 ➕ 上选择"几何体"命令面板 ⬤，在下拉列表框中选择"门"，系统提供了 3 种类型的门供选择，包括"枢轴门""推拉门""折叠门"，如图 5-76 所示。

（1）枢轴门

图 5-77 所示的为枢轴门。枢轴门是围绕枢轴旋转打开的门，其主要参数如图 5-78 所示。

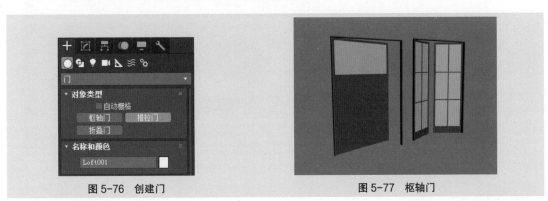

图 5-76　创建门　　　　　　　图 5-77　枢轴门

枢轴门既可以是单扇，也可以是双扇，可以向外或向内打开，还可以设置页扇的窗格数和其他各部分的参数值，创建方法（顺序）可以选择"宽度 / 深度 / 高度"或"宽度 / 高度 / 深度"这两种，主要结构示意如图 5-79 所示。

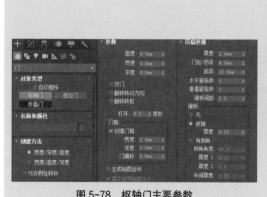

图 5-78　枢轴门主要参数

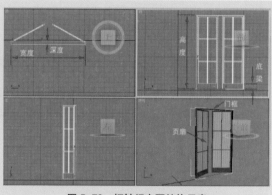

图 5-79　枢轴门主要结构示意

（2）推拉门

推拉门如图 5-80 所示。推拉门是一种靠滑动推拉打开或关闭的门，可以设置左右滑动，可选择门框、页扇、镶板（玻璃）各部分的尺寸，其参数如图 5-81 所示。

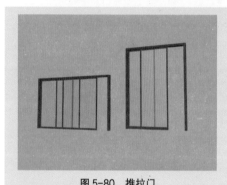

图 5-80　推拉门

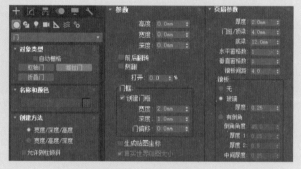

图 5-81　推拉门参数

（3）折叠门

折叠门如图 5-82 所示，其参数与上述两种门类似，此处不再重复讲述，参数如图 5-83 所示。

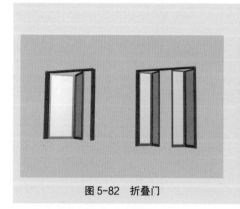

图 5-82　折叠门

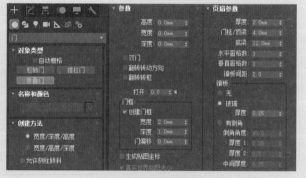

图 5-83　折叠门参数

2. 窗的创建

窗的创建与门类似，3ds Max 2020 提供了 6 种窗，各种窗的参数也是类似的，图 5-84 所示的左侧列出了推拉窗的参数。

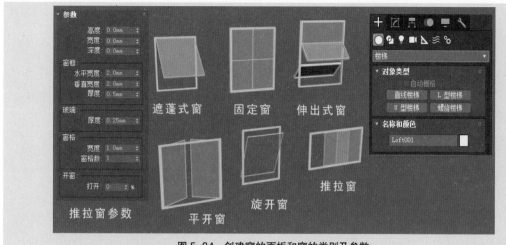

图 5-84　创建窗的面板和窗的类别及参数

5.4.2　楼梯的创建

3ds Max 2020 提供了 4 种类型的楼梯，包括直线楼梯、"L"形楼梯、"U"形楼梯、螺旋楼梯，每一种楼梯又分为开放式、封闭式和落地式 3 种，如图 5-85 所示。

（1）直线楼梯

直线楼梯如图 5-86 所示，其结构比较简单，沿直线方向升高。参数和选项与"L"形楼梯类似，此处不详细讲述。

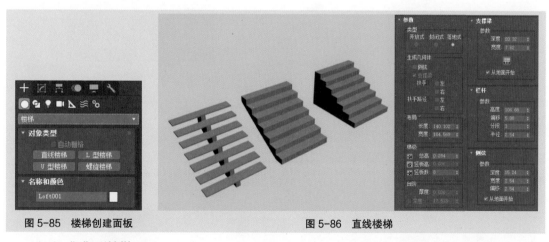

图 5-85　楼梯创建面板　　　　　　　　　　　图 5-86　直线楼梯

（2）"L"形楼梯

"L"形楼梯是上下两部分形成 90° 转向的。下面以开放式"L"形楼梯为例说明有关结构和参数。在"布局"和"梯级"选项组中设置楼梯的基本尺寸（如高度、宽度、长度等）；在"生成几何体"选项组中可以选择是否需要侧弦、支撑梁、扶手（栏杆）和扶手路径，并可在相应的卷展栏中设置这几部分的具体尺寸，详细参数如图 5-87 所示。其中扶手路径可通过增加栏杆支柱，将楼梯和扶手连接起来，方法是先创建支柱（例如圆柱体），选择间隔工具，设置参数（如计数或间距）后拾取扶手路径。一般支柱数量与楼梯很难完全吻合，需要使用间隔工具调整支柱的位置以达到要求，如图 5-88 所示。

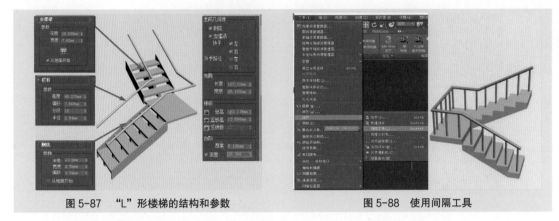

图 5-87 "L"形楼梯的结构和参数　　　　　　　图 5-88 使用间隔工具

（3）"U"形楼梯

"U"形楼梯是上下两段梯级方向相反的楼梯，如图 5-89 所示，参数与前面所述"L"形楼梯类似，不再重复讲述。

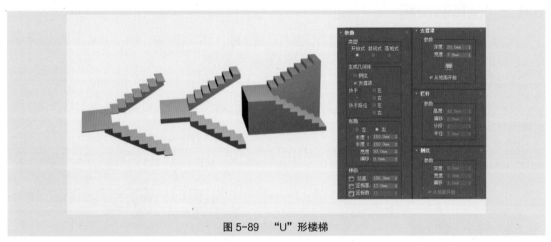

图 5-89 "U"形楼梯

（4）螺旋楼梯

螺旋楼梯是梯级沿圆周逐级升高的楼梯，可以选择是否要扶手（栏杆）、中心柱、支撑梁、侧弦等结构部分，旋转方向可以选择顺时针或逆时针，如图 5-90 所示。各部分结构和参数如图 5-91 所示。

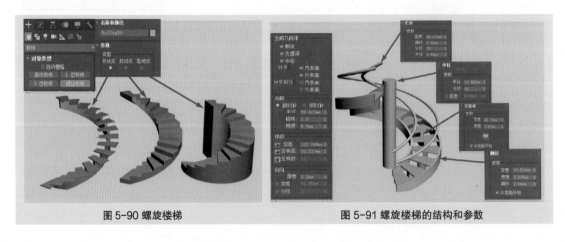

图 5-90 螺旋楼梯　　　　　　　　　　　图 5-91 螺旋楼梯的结构和参数

5.4.3　AEC扩展

在"创建"命令面板 ![加号] 上选择"几何体"命令面板 ![图标]，在下拉列表框中选择"AEC扩展"，可以创建植物、栏杆、墙3种对象类型，如图5-92所示。

1. 植物的创建

3ds Max提供了一些植物的三维参数模型，选择"AEC扩展"命令面板"对象类型"卷展栏中的"植物"命令，列表中列出了多种可供选择的树，单击"植物库"按钮，还可以打开更多植物类别，如图5-93所示。

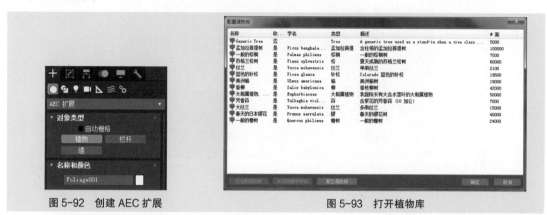

图5-92　创建AEC扩展　　　　　　　　　　图5-93　打开植物库

创建的植物可直接在顶视图中单击，然后选择"修改"命令面板 ![图标]，在图5-94所示的"参数"卷展栏中修改参数。"高度"控制植物大小，"密度"控制树叶的疏密程度，"修剪"可以获得形状的变化。在"显示"栏中还可以选择是否保留树叶、树干、树枝和根，因为植物的面很多，视口显示可以选择树冠方式，这可以加快显示速度。

2. 栏杆的创建

先建立一个二维线作为栏杆路径，如图5-95所示。选择"栏杆"命令，指定（拾取）路径并设置"分段"数、"上围栏"和"下围栏"的形状（圆形或长方形）。其中"分段"数直接影响栏杆形状，栏杆以所设分段数直线来逼近路径曲线。图5-95所示的两个栏杆的路径都是相同形状的椭圆，但分段数分别为40和3，得到的栏杆形状不同。上围栏与下围栏可以采用圆形或方形截面，并可设置截面尺寸。

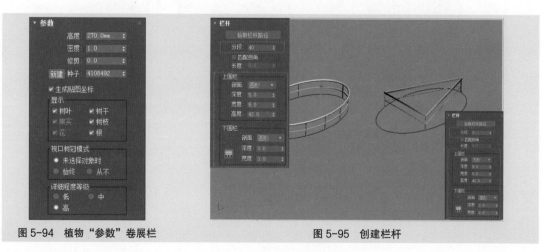

图5-94　植物"参数"卷展栏　　　　　　　　图5-95　创建栏杆

栏杆的其他结构包括立柱、栅栏（支柱），如图 5-96 所示。每部分结构均可以设置尺寸形状，数量分配可以单击 按钮，在打开的窗口内设置数量或间距，其中，窗口中的"始端偏移"和"末端偏移"选项分别用来设置立柱在路径开始和结束处的位置偏移量。

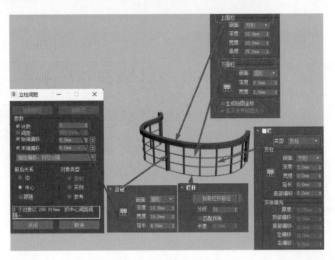

图 5-96　栏杆选项及参数

5.4.4　弯曲修改器

使用"弯曲"修改器可使三维对象沿一定的轴向弯曲变形，并可以通过一系列参数控制弯曲的角度、弯曲的方向和弯曲的范围。

选择三维对象，选择"修改"命令面板 ，在下拉列表框中选择"弯曲"修改器，出现的弯曲修改器的参数选项面板如图 5-97 所示。

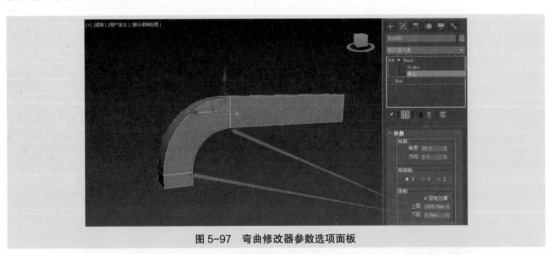

图 5-97　弯曲修改器参数选项面板

（1）"角度"数值框：设置弯曲部分的角度大小（取值可为正或负，图中为 90°）。

（2）"方向"数值框：设置弯曲的方向。当弯曲轴为 z 轴时，以前视图为准。0° 向右弯，90° 向前弯，180° 向左弯，270° 向后弯。

（3）"弯曲轴"选项组：沿 x 轴、y 轴、z 轴方向控制弯曲轴向。

（4）"限制"选项组：控制弯曲角度的影响范围，当勾选"限制效果"复选框时起作用。"上限"数值框：设置弯曲上限，在此位置以上部分不受弯曲命令影响。图中所示为从坐标原点算起，200 以上部分保持。"下限"数值框：设置弯曲下限，在此位置以下部分不受弯曲命令影响。上下限的数值以坐标中心开始计算。

（5）弯曲命令的子对象：在堆栈中单击"Bend"前面的"▶"按钮，出现"Gizmo"和"中心"两个子对象，选择子对象后，在视图中出现黄色线框和黄色十字，即为控制框和中心，移动控制框或中心将对弯曲结果产生影响，如图 5-98 所示。

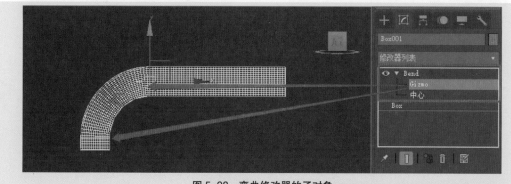

图 5-98　弯曲修改器的子对象

下面以圆柱体的弯曲为例说明各参数选项对弯曲效果的影响。

（1）创建圆柱体，"半径"为 40cm，"高度"为 500cm，"高度分段"为 16（分段数太少会影响弯曲光滑度），如图 5-99 所示。

（2）设置弯曲"角度"为 90°，"方向"为 0°，"下限"为 0cm，"上限"为 200cm，圆柱弯曲情况如 5-100 所示。黄色十字为中心，两个黄色框为上下限位置。

（3）保持参数不变，向上移动中心 200cm 左右，结果如图 5-101 所示。

（4）保持其他参数不变，改变"下限"为 -200cm，"上限"为 0cm，弯曲结果如图 5-102 所示。

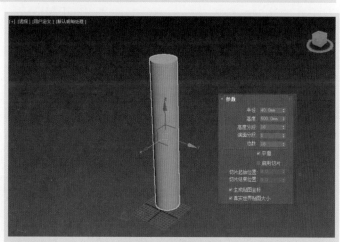

图 5-99　创建圆柱体

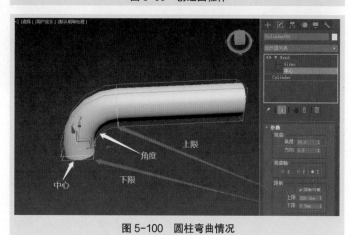

图 5-100　圆柱弯曲情况

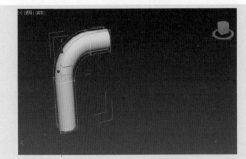

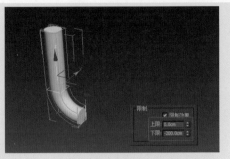

图 5-101　中心点上移　　　　　　　　　　　图 5-102　改变上下限

5.4.5　扭曲修改器

使用"扭曲"修改器可使三维对象的各截面沿着扭曲轴产生扭转变形。选择三维对象，选择"修改"命令面板，在下拉列表框中选择"扭曲"修改器，出现的扭曲修改器的参数选项面板如图 5-103所示。

（1）"角度"数值框：设置扭转角度。

（2）"偏移"数值框：设置扭曲轴上扭曲程度的偏差。偏差值为 0，扭曲程度均匀；偏差值大于 0，扭曲量向上增加；偏差值小于 0，扭曲量向上减小。

（3）"扭曲轴"选项组：设置扭曲产生的轴线方向。

（4）"限制效果"复选框：勾选此复选框，扭曲效果控制在上下限之间。

（5）"上限"数值框与"下限"数值框：分别用来设置扭曲的上限与下限，数值可以为正或负。

（6）单击"扭曲"左侧的" ▶ "按钮将出现扭曲修改器的子对象。Gizmo：以黄色显示的范围，移动该框将影响扭曲形态。中心：以黄色十字显示，中心是偏移和上下限计算的坐标原点，如图 5-104所示。

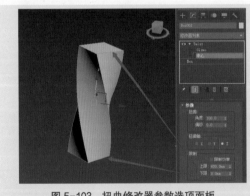

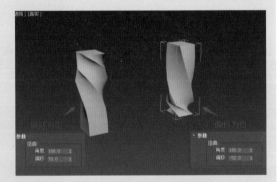

图 5-103　扭曲修改器参数选项面板　　　　　　图 5-104　偏移对扭曲的影响

5.4.6　锥化修改器

使用"锥化"修改器可使三维对象沿轴线产生锥度变化，通过参数设置可控制锥度大小、轮廓线的凹凸程度和锥化的范围。

1. 锥化修改器的参数选项面板

选择三维对象，选择"修改"命令面板，在命令面板中选择"锥化"修改器，参数面板如图 5-105所示。

（1）"数量"数值框：用于设置锥化量；其值为 0 时，不产生锥化；大于 0 时，顶面大于底面；小于 0 时，顶面小于底面。锥化数量的影响如图 5-106 所示。

图 5-105　锥化参数面板

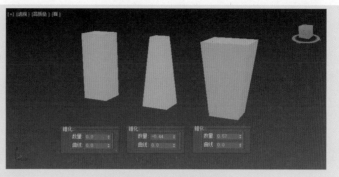

图 5-106　锥化数量的影响

（2）"曲线"数值框：用于设置锥化的凹凸程度；其值为 0 时，锥化轮廓为直线；大于 0 时，锥化轮廓曲线向外凸；小于 0 时，锥化轮廓曲线向内凹。锥化曲线的影响如图 5-107 所示。

（3）"主轴"栏：用来设置锥化轴。

（4）"效果"栏：用来设置锥化效果的影响方向。

（5）"对称"复选框：用来设置对称的影响效果。

（6）"限制"选项组：用来设置锥化的区域范围，由上限和下限控制锥化区，勾选"限制效果"复选框时上下限起作用。

（7）单击堆栈框中"锥化"左侧的"▶"按钮，出现子对象控制框和中心，移动控制框或中心将影响锥化对象的形态，如图 5-108 所示，右边的两个立方体的锥化量和曲线值相同，上下移动中心，其锥化结果不一样；左边的两个立方体的锥化量和曲线值也相同，上下移动中心，其锥化结果也不一样。

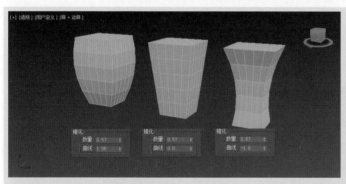

图 5-107　锥化曲线的影响

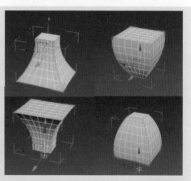

图 5-108　移动中心的影响

2. 锥化修改器应用实例：伞

（1）在顶视图中创建星形，参数如图 5-109 所示。

（2）选择"修改"命令面板 ，在下拉列表框中选择"挤出"修改器，设置"数量"为 150cm，"分段"为 8，取消勾选"封口始端"复选框，如图 5-110 所示。

（3）选择"修改"命令面板 ，在下拉列表框中选择"锥化"修改器，设置锥化参数如图 5-111 所示。

（4）由于在挤出时取消了"封口始端"复选框的勾选，伞的内部为不可见，为此选择"修改"命令面板 ，选择"壳"修改器，在"参数"卷展栏设置"外部量"为 2cm，对象产生了一定的厚度，

微课

锥化修改器
应用实例：伞

可以看到伞的内部，完成了伞面的创建，如图 5-112 所示。

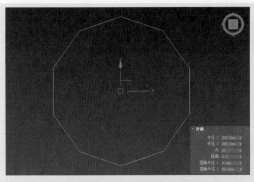

图 5-109　创建星形

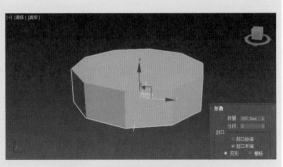

图 5-110　使用"挤出"修改器

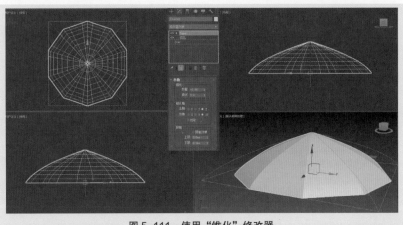

图 5-111　使用"锥化"修改器

（5）用直接画线的方法创建伞柄，设置线的粗度和可渲染特性，编辑线的形状使其符合要求。最后得到图 5-113 的效果图。

图 5-112　使用"壳"修改器

图 5-113　伞的效果图

项目小结

本项目主要讲解用三维布尔运算进行建模的方法，读者需学会使用弯曲、扭曲、锥化、布料、FFD 变形等修改器完成复杂模型的创建，熟练掌握修改器的操作与设置。

（1）布尔运算有哪几种？经布尔运算后，还能回到建模之初并对对象进行参数修改吗？

（2）完成图 5-114 所示的石凳模型的创建。

（3）完成图 5-115 所示的洗发水瓶模型的创建。

图 5-114　石凳模型

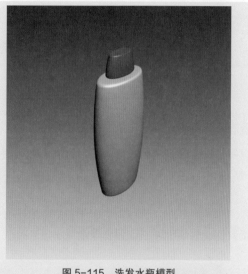

图 5-115　洗发水瓶模型

项目 6

VRay 简介与渲染
参数解析

在之前的项目中，我们讲解了如何创建模型，模型创建完成之后，我们的三维模型还是"毛坯"状态，要经过渲染才能获得接近实物的质感或者表面纹理。VRay 是目前行业内常用的渲染器之一，其真实而高效的渲染能力得到行业内外大多数设计师的认可。

如何使用 VRay 渲染出理想的效果？

本项目介绍 VRay for 3ds Max 软件的历史，并对 VRay 渲染器和 VRay 渲染参数进行初步讲解，为后面项目实训奠定基础。

课堂学习目标

1. 熟悉 VRay 的操作流程
2. 掌握 VRay 的参数含义和设置
3. 对全局照明有深刻的认识

6.1 渲染器介绍

3ds Max 犹如一个大的容器，将建模、渲染、动画、影视后期融为一体，为客户提供了一个多功能的操作平台，其最优秀、最神奇的功能之一是其所支持的插件模块。从最早期的版本至今，插件也随着 3ds Max 的发展而不断更新换代，功能操作也更加人性化。

在 3ds Max 插件市场上最引人注目的，莫过于渲染器插件系统了。3ds Max 默认带有渲染器系统，虽然用默认设置也可以做出逼真的效果，但是仍达不到影视照片集的效果，渲染器插件系统应运而生。目前市场上十分受欢迎的渲染插件系统是 VRay 渲染器。

6.2 VRay 渲染器简介

VRay 是一款能够运行在多种三维程序环境中的强大渲染器，此软件由挪威的 ChaosGroup 公司开发，虽然在发布此软件时，三维渲染市场中已经有了 Lightscape、Mental Ray、FinalRender、Maxwell 等渲染器，但 VRay 仍然凭借其良好的兼容性、易用性和逼真的渲染效果成为渲染界的后起之秀。此软件的界面如图 6-1 所示。

VRay 渲染器的特点如下。

1. 优秀的全局光照系统（GI）

VRay 是一种结合了光线跟踪和光能传递的渲染器，其真实的光线计算能创建专业的照明效果。VRay 拥有强大的全局光照系统，同时间接照明提供了许多可供选择的优秀渲染引擎，配合 VRay 的天光系统，可以模拟出接近真实的大气环境，如图 6-2 所示。

图 6-1　VRay 渲染器的界面

图 6-2　VRay 全局光照效果图

2. 强大的焦散效果

在渲染界，VRay 渲染器的焦散效果是很好的。VRay 渲染面板中拥有强大的焦散设置系统，可以轻松地模拟出真实环境中灯光透过玻璃等透明对象所形成的反射和折射效果。VRay 的焦散系统独立但又紧密相连，VRay 渲染系统可以通过单独的灯光参数设置来改变焦散的效果，操作简单灵活，是制作类似效果的首选渲染器，如图 6-3 所示。

3. HDRI 渲染

VRay 渲染器支持的另一个重要的功能就是高范围动态图像（High Dynamic Range Image，HDRI）。VRay 渲染器对 HDRI 提供了很好的兼容性。HDRI 广义上可以归纳在全局照明的设置中，在实际应用中它也是和全局照明系统互相配合，以此创造真实的环境光照、反射和折射效果的。VRay 渲染器内置 HDRI 的导入系统，可以很方便地进行编辑。编辑好的 HDRI 可以通过环境、天光、反射和折射系统作用于场景环境，是 VRay 渲染器效果表现的一项明显优势，如图 6-4 所示。

图 6-3　VRay 焦散效果　　　　图 6-4　HDRI 动态贴图效果

4. 高效的渲染速度

VRay 渲染器内置的渲染引擎十分优秀，对画面的采样处理也进行了很多不同级别的细分，可以满足任何情况的需要。它的渲染平均速度比 FinalRender 渲染器快了接近 20%，比 Brazil 渲染器快了接近 60%。渲染速度快、效果真实使 VRay 渲染器成为目前市场上十分受欢迎的渲染器之一。

5. 简易的参数设置界面

VRay 渲染器材质和渲染控制面板的参数设置比较简单，对初学者来说比较容易掌握。VRay 材质和全局光照的调整都比较容易，即使是没有基础的人也可以快速地掌握。VRay 为用户提供了一个很好的操作环境，但还是需要设计师不断提高自身对画面的感觉、对光的理解和对颜色的处理能力，这样才能够通过 VRay 渲染器将效果图绘制技能提高到一个新的境界，如图 6-5 所示。

图 6-5　优秀的 VRay 渲染效果图案例

6.3　VRay 渲染参数

选择 3ds Max 菜单栏中的"渲染"/"渲染设置"命令打开"渲染设置"窗口，在"渲染器"下拉列表中指定 VRay 为当前渲染器，如图 6-6 所示。"渲染设置"窗口自动生成 VRay 渲染器参数设置面板，包括"VR 基项""VR 间接照明""VR 设置"，通过这些卷展栏可设置各种渲染参数。

1. VRay 帧缓冲器

3ds Max 拥有帧缓冲器，VRay 也自带了一个帧缓冲器。

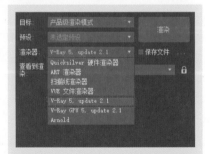

图 6-6　VRay 渲染器的选择

通过VRay帧缓冲器可以单独设置VRay渲染器的分辨率、缓冲通道等，而不影响3ds Max的帧缓冲器。

技巧：通常使用VRay帧缓冲器时，需要将3ds Max默认的公用栏帧缓冲器输出尺寸调整为1，这样可以节约内存的使用量。

VRay"帧缓冲区"卷展栏中各参数如图6-7所示。

"启用内置帧缓冲区"复选框：勾选该复选框将启用VRay内置帧缓冲器，渲染时将直接使用VRay内置帧缓冲器，如图6-8所示。

图6-7　VRay"帧缓冲区"卷展栏

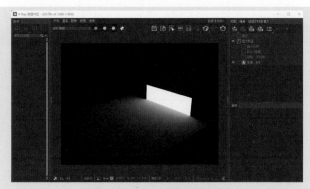

图6-8　VRay内置帧缓冲器

"内存帧缓冲区"复选框：勾选该复选框系统将在内存中建立一个用于VRay渲染的帧缓存，用于储存颜色数据及渲染前后的图像观察数据；一般在渲染分辨率较小的图像时勾选该复选框，可以提高渲染速度；如果是分辨率较大的图像，勾选该复选框将占用大量内存，反而会降低渲染速度。

"从MAX获取分辨率"选项组：通过该选项组可以设置渲染图像的大小，如果勾选"从MAX获取分辨率"复选框将以3ds Max"渲染设置"窗口"公用"选项卡中设置的分辨率作为渲染图像的分辨率。

"V-Ray Row图像文件"复选框：勾选该复选框，渲染时将不在内存中保存任何数据，而是将数据保存在通过单击"浏览"按钮设置的指定的位置。如果是分辨率较大的图像，勾选该复选框将节省内存，并可以提高渲染速度。

"单独的渲染通道"选项组：该选项组主要是设置单个颜色通道的保存参数。

2. VRay全局开关

VRay"全局开关"卷展栏控制着VRay渲染场景时所有全局光照和贴图的渲染状态，相当于一个总控制器，如图6-9所示。

VRay"全局开关"卷展栏中各主要参数含义如下。

"置换"复选框：勾选该复选框，渲染时可以使用VRay置换贴图，同时不会影响3ds Max自身的置换贴图。

"灯光"复选框：场景中直接光照的总开关，勾选此复选框可以渲染直接光照，不勾选则只渲染间接光照。

"隐藏灯光"复选框：勾选该复选框时只渲染灯光光线而不渲染灯光模型。

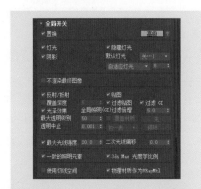

图6-9　VRay"全局开关"卷展栏

"默认灯光"下拉列表框：默认使用3ds Max默认灯光，此时只渲染场景中人工置放的灯光。

"阴影"复选框：勾选该复选框将渲染场景中对象投射的阴影。

"不渲染最终的图像"复选框：勾选该复选框，VRay 只计算全局光照贴图，常用于动画渲染。

"反射 / 折射"复选框：勾选该复选框可以渲染反射和折射贴图。

"覆盖深度"数值框：控制场景中透明对象的透明度。

"贴图"复选框：勾选该复选框可以渲染贴图材质。

"过滤贴图"复选框：勾选该复选框可以使用过滤贴图。

"二级光线偏移"数值框：设置光线二次反弹偏移量。

3. VRay 图像采样器（抗锯齿）

图像采样器是指采样和过滤的一种算法，它产生最终的像素数组来完成图形的渲染。通过"图像采样器（抗锯齿）"卷展栏可以设定图像采样质量的细分大小和噪波阈值，如图 6-10 所示，参数介绍如下。

图 6-10　Vray "图像采样器（抗锯齿）"卷展栏

"类型"下拉列表框：设置采样器类型，包括"渲染块""渐进式"两种类型。渲染大图时推荐选择"渲染块"；渲染小图时推荐选择"渐进式"，因为渲染时随时可以停止渲染。两种采样器最终产生的结果相同，但是过程有所区别。"渲染块"类型以矩形区域渲染图像，这个矩形区域称为"渲染块"；"渐进式"类型以渲染整个画面的方式进行图像渲染，越渲染越细致。选择"渲染块""渐进式"两种类型时，系统将分别显示"渲染块图像采样器"卷展栏和"渐进式图像采样器"卷展栏。

"渲染遮罩"下拉列表框：可选择指定的对象进行渲染，包括"无""纹理""选定""包含 / 排除列表""层""对象 ID"等。如果选择"选定"选项，就只会渲染选中的物体，不会渲染其他的物体。

"最小着色比率"数值框：控制投射的光线的抗锯齿数目和其效果，默认值为 6。提高该数值，会提高对应的质量，但数值提高，渲染速度会变慢，因此不建议提高。

"渲染块图像采样器"卷展栏如图 6-11 所示，参数介绍如下。

"最小细分"数值框：默认值为 1。一般情况下很少需要设置这个参数小于 1，除非有一些细小的线条无法正确表现。

图 6-11　"渲染块图像采样器"卷展栏

"最大细分"数值框：默认值为 100，通常设置为 24 即可。黑色背景、有非常强烈的运动模糊等情形可增加细分值。

"噪波阈值"数值框：默认值为 0.01。值越小，噪波越小。较低的噪波阈值会让图像看起来更干净，但是相应地需要更长的渲染时间。

"渲染块宽度""渲染块高度"数值框：设置渲染时画面中每一块渲染格的尺寸，保持默认即可。

"渐进式图像采样器"卷展栏如图 6-12 所示，参数介绍如下。

"最小细分""最大细分""噪波阈值"数值框同"渲染块图像采样器"卷展栏中的一样。

"渲染时间"数值框：控制渲染最长时间。

"光束大小"数值框：默认值为 128。

4. VRay 图像过滤器

图像过滤器用来控制场景中的抗锯齿类型。启用

图 6-12　"渐进式图像采样器"卷展栏

全局照明功能后，它将在次级像素层级起作用，并根据选择的过滤器使图像更加清晰或柔滑最终输出效果。在"图像过滤器"卷展栏中，可以选择的过滤器类型主要有 16 种，如图 6-13 所示。

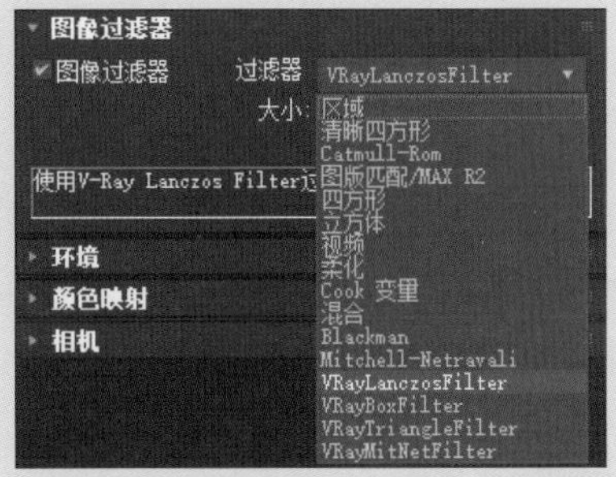

图 6-13　VRay "图像过滤器" 卷展栏

区域：用模糊的方块来对图像边缘锯齿过滤。通过"大小"参数可以调整方块的尺寸。数值较低，可得到相对平滑的效果；数值较大，则会导致整个图像产生模糊的效果（类似 Photoshop 中的高斯模糊效果）。

清晰四方形：使用此过滤器是按照"大小"参数为 2.8 来对像素进行重组过滤。选择此过滤器时，"大小"参数无法调整。

Catmull-Rom：常用的出图过滤器，一般图多或白天的效果多时使用。可以显著地增加边缘的清晰度，使图像锐化，带来硬朗锐利的感觉。

图版匹配 /MAX R2：此过滤器影响对象的每个方面，在过滤几何体边缘的同时也过滤纹理。

四方形：给予四方形样条线 9 像素过滤。选择此过滤器时，"大小"参数无法调整。

立方体：类似于四方形过滤器，给予立方体样条线 25 像素模糊过滤。选择此过滤器时，"大小"参数无法调整。

视频：主要用于对输出 NTSC 和 PAL 格式影片的图像进行优化。选择此过滤器时，"大小"参数无法调整。

柔化：可通过高斯模糊的效果进行过滤。数值越小越清晰，数值越大越柔和。数值为 2.5 时，得到较平滑的渲染效果和较快的渲染速度。

Cook 变量：通过"大小"参数来控制图像的过滤。数值在 1 ~ 2.5 时，图像较为清晰；数值大于 2.5 时，图像较为模糊。

混合：可以使清晰区域和粗糙区域进行柔化过滤。"大小"参数控制采样大小。数值越大，图像越模糊；数值越小，图像越清晰。"混合"参数控制混合强度。数值为 10 时，图像边缘出现双影和黑色斑点；数值为 0.3 时，图像边缘较为清晰且柔和。注意：需要配合"大小"参数调整。

Blackman：此过滤器的图像效果比"区域"过滤器要清晰，但是没有边缘加强的效果，"大小"参数不可调整。

Mitchell-Netravali：米契尔过滤器，常用的出图过滤器。可以使图像产生一个平滑的边缘，使图像模糊，带来柔和的感觉。通常用于欧式的图，石膏线渲染出来后不花，白天和夜晚的效果都可以使用。

VRayLanczosFilter：VRay 蓝佐斯过滤器。"大小"参数可以调节。当数值为 2 时，图像柔和细腻且边缘清晰；当数值为 20 时，图像类似于 Photoshop 中的高斯模糊加上单反相机的景深和散景效果。数值低于 0.5，图像会有溶解的效果；数值高于 5，出现边缘模糊效果。

VRayBoxFilter：VRay 盒子过滤器。"大小"参数可以调节。当数值为 1.5 时，场景边缘较为模糊，阴影和高光的边缘也是模糊的，质量一般；当数值为 20 时，图像彻底模糊了，场景色调会略微偏冷（白蓝色）。

VRayTriangleFilter：VRay 三角形过滤器。"大小"参数可以调节。当数值为 2 时，图像柔和比盒子过滤器稍清晰一点；当参数为 20 时，图像彻底模糊，但是模糊程度不及 VrayBoxFilter，且场景色调略微偏暖。数值在 0.5 ~ 2，数值越小越清晰；数值小于 0.5，会出现溶解效果。

VRayMitNetFilter：不是常用过滤器，在此不具体介绍。

5. VRay 环境

VRay "环境" 卷展栏用来指定使用全局光照明、反射及折射时使用的环境颜色和环境贴图。如果没有指定环境颜色和环境贴图，那么 3ds Max 中的环境颜色和环境贴图将被采用，通常在室内外效果图制作过程中将此类设置的环境叫作 "天光"，如图 6-14 所示。

勾选 "GI 环境" 复选框，VRay 将使用指定的颜色和纹理贴图进行全局照明、反射和折射计算，下方的颜色色块用于指定背景颜色，设置的数值控制天光的强度，值越大天光越强，单击 "无贴图" 按钮还可以为场景指定环境贴图。

图 6-14　VRay "环境" 卷展栏

6. VRay 颜色映射

VRay "颜色映射" 卷展栏中的各参数控制最终渲染图像的亮度和对比度等效果，相当于 Photoshop 中对图像的调节。

在室内效果制作过程中一般选择 "线性倍增" 曝光类型，如果需要保持背景艳丽可以取消勾选 "影响背景" 复选框，如图 6-15 所示。

7. VRay 相机

VRay 中的 "相机" 卷展栏通常用来定义场景中产生的光影，它主要体现出场景如何显示在屏幕上。VRay 支持下列几种类型的相机："默认" "球形" "圆柱形（点）" "圆柱形（正形）" "长方体" "鱼眼" "变形球（旧式）" "正交" "视角" "球形全景" "立方 6×1" 等。通过 VRay "相机" 卷展栏还可以为动画设置 "景深" 和 "运动模糊" 效果，如图 6-16 所示。

图 6-15　VRay "颜色映射" 卷展栏

8. VRay 全局照明

VRay 采用两种方法进行全局照明计算——直接照明计算和光照贴图。直接照明计算是一种简单的计算方式，对所有用于全局照明的光线进行追踪计算，能产生准确的照明结果，但是需要花费较长的渲染时间，而光照贴图是一种使用相对复杂的技术，能够以较短的渲染时间获得准确度较低的图像。

图 6-16　VRay "相机" 卷展栏

在室内外效果图制作过程中，VRay "全局照明" 卷展栏中的参数都是最常用的，这些参数控制着光线反弹的全局光引擎类型和强度，如图 6-17 所示。

VRay "全局照明" 卷展栏中各主要参数含义如下。

"启用 GI" 复选框：打开或关闭全局照明。

"首次引擎" 下拉列表框：系统提供了 "发光贴图" "光子图" "BF 算法" "灯光缓存" 4 种专业的全局光照引擎，其具体特征和应用我们将在后面进行详细讲解。

图 6-17　VRay "全局照明" 卷展栏

"二次引擎" 下拉列表框：系统提供了 "无" "光子圈" "BF 算法" "灯光缓存" 4 种专业的全局光照引擎，其具体特征和应用我们将在后面进行详细讲解。

"折射 GI 焦散" "反射 GI 焦散" 复选框：通过两个复选框控制全局光是否参与反射焦散和折射焦散，但是由直接光产生的焦散不受这里的控制。

"饱和度" 数值框：控制反弹光线受颜色饱和度影响的大小，值越大，渲染后的对象受到旁边对象颜色影响越大。

"对比度" 数值框：控制反弹光线照亮的对象明暗对比度是否强烈，值越大对比度越强。

"对比度基数" 数值框：控制渲染图像的基本对比度，一般保持默认 0.5。

9. VRay 发光贴图

VRay "发光贴图" 卷展栏是基于发光缓存技术的一项命令，其基本原理是计算场景中某些特定点的间接照明并进行插值计算。

如果在 VRay "全局照明" 卷展栏的 "首次引擎" 下拉列表框中选择 "发光贴图" 选项，系统将在 VRay "全局照明" 卷展栏下方显示 "发光图贴" 卷展栏，如图 6-18 所示。

"发光贴图" 卷展栏中各主要参数的含义如下。

"当前预设" 下拉列表框：系统提供了 8 种系统预设的模式供选择，如无特殊情况，这几种模式可以满足一般需要。各种预设模式拥有不同的渲染速度和效果，可以根据实际情况选择使用。

"最小比率" 数值框：确定全局光首次传递的分辨率，通常需要设置为负值，以便快速地计算大而平坦的区域全局光。

图 6-18 "发光贴图" 卷展栏

"最大比率" 数值框：类似于采样最大的比率，用于控制最终渲染图像光照精度。

"细分" 数值框：决定单独的全局光样本的品质，较小的取值可以获得较快的速度，但是也可能会产生黑斑，较高的取值可以得到平滑的图像。

"插值采样" 数值框：差值的样本值，定义被用于插值计算的全局光样本的数量，较大的值意味着较低的敏感性，较小的值将使光照贴图对照明的变化更加敏感。

"显示计算相位" 复选框：勾选该复选框，在渲染的时候将显示计算过程。

"显示采样" 复选框：勾选该复选框，VRay 将在 VFB 窗口以小原点的形态直观显示发光贴图中使用的样本情况。

"法线阈值" 数值框：确定光照贴图算法对表面法线变化的敏感程度。

"距离阈值" 数值框：确定光照贴图算法对两个表面距离变化的敏感程度。

"插值类型" "查找采样" 下拉列表框：手动设定采样插补类型，在室外效果图制作过程中一般保持默认参数。

"模式" 下拉列表框：设定光照贴图的渲染方式，一般渲染静态图像选择 "单帧" 选项；如果渲染动画则选择 "多帧添加" 选项；如果渲染前已经保存了光照贴图，可以选择 "来自文件" 选项并设置来源位置，节省渲染光照贴图的时间。

"不删除" "自动保存" 复选框：设置是否保存光照贴图数据以备调用。

10. VRay 灯光缓存

灯光缓存又被称作灯光贴图，是一种近似于场景中全局光照的技术，它可以直接使用，也可以用于使用发光贴图或直接计算时的光线二次反弹计算。在 "全局照明" 卷展栏 "首次引擎" 或者 "二次引擎"下拉列表框中选择"灯光缓存"选项，系统将在"全局照明"卷展栏下方显示"灯光缓存"卷展栏，如图 6-19 所示。

11.VRay 系统

通过 VRay "系统"卷展栏可以设置很多 VRay 渲染参数，如 VRay 渲染区域序列、帧标记等。一般在制作效果图的时候不需要专门设置此类参数，很多参数保持默认设置即可，所以这里就不再详细讲述 VRay "系统"卷展栏中的参数，如图 6-20 所示。

图 6-19 "灯光缓存"卷展栏

图 6-20 "系统"卷展栏

项目小结

本项目系统地讲解了 VRay 专业渲染中 VRay 渲染参数的设置。通过本章的学习，读者能够了解 VRay 的大部分常用功能，为后面使用 VRay 渲染器渲染各种效果图打下坚实的基础。

拓展实训

创建台灯小场景的灯光部分，如图 6-21 所示。（提示：使用 VRay 灯光中球体类型模拟台灯效果，平面类型模拟环境光效果。）

图 6-21 台灯效果图

07

项目 7

VRay 材质与灯光表现

本项目主要讲解 VRay 材质球及灯光设置。VRay 不仅是一个渲染系统，它还拥有独立的材质和灯光系统，合理搭配 VRay 提供的灯光、材质和渲染器可以制作出美妙绝伦的效果。在 VRay 渲染器参数设置面板中可以设置完美的全局光照（GI 系统）、焦散效果、摄影机景深等 3ds Max 默认渲染器无法实现的效果。

VRay 支持 3ds Max 中大多数材质类型；同时，使用 VRay 自带的材质系统可以加快渲染速度以达到更好的渲染效果。

课堂学习目标

1. 掌握 VRay 材质球的设置
2. 学习各种材质的材质参数设置
3. 学习室内外灯光布置

7.1 VRay 材质

7.1.1 认识 VRay 材质

1. VRay 材质类型

VRayMtl 是 VRay 专有材质中最重要的材质类型，合理设置该材质类型中的各种参数可以创建出自然界中各种类型的材质效果。

VRayMtl 能够获得更加准确的物理照明（光能分布）、更快地进行效果渲染，反射和折射参数的调节也很方便。同时，使用 VRayMtl 还可以应用不同的纹理贴图，控制其反射和折射参数，增加凹凸贴图、衰减变化等效果。

通过"基本参数"卷展栏可以设置 VRay 材质的漫反射、反射、折射及透明度等参数，如图 7-1 所示。

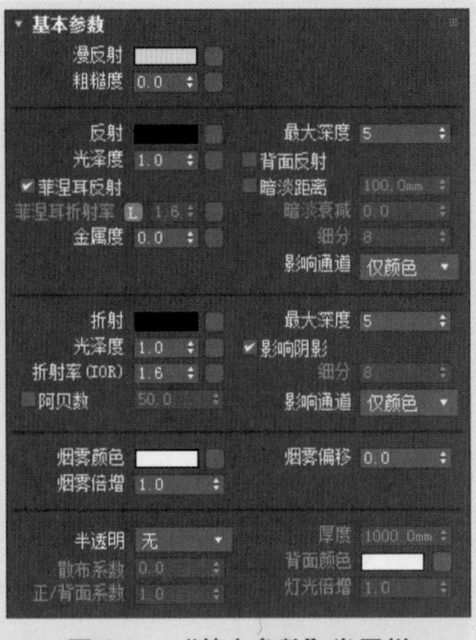

"基本参数"卷展栏中主要参数的含义如下。

"漫反射"：右方的色块表示该材质的漫反射颜色（对象表面颜色），如果需要使用贴图，可以单击右侧的贴图按钮█打开"材质／贴图浏览器"对话框，选择一种贴图来覆盖漫反射颜色。

"反射"：通过右方色块的亮度控制具有反光度的材质的反射强度，颜色亮度越高反光度越强烈，也可以单击右侧的贴图按钮█打开"材质／贴图浏览器"对话框，选择一种贴图来覆盖反射颜色。

图 7-1 "基本参数"卷展栏

"最大深度"数值框：控制贴图的最大光线反射深度，大于设定值时贴图将反射回下方设定的颜色。

"光泽度"数值框：控制材质表面粗糙度，值为 1.0 时表示完全光滑，值越小越粗糙。

"菲涅耳反射"复选框：勾选该复选框时，光线的反射就像真实世界的玻璃反射一样；当光线和表面法线的夹角接近 0° 时，反射光线减少直至消失；光线和表面法线的夹角接近 90° 时，反射光线将达到最强。

"细分"数值框：控制反射的光线数量，当材质的"光泽度"值为 1.0 时，该选项无效。

"折射"：通过右方色块亮度控制材质透明度，颜色亮度越高亮材质越透明，也可以单击右侧的贴图按钮█打开"材质／贴图浏览器"对话框，选择一种贴图来覆盖折射颜色。

"光泽度"数值框：设置材质的光泽度。当值为 0 时，表示特别模糊的折射；当该值为 1 时，将关闭光泽。

"折射率"数值框：控制折射率，如玻璃应该是 1.5。

"烟雾颜色"：填充对象内部的雾的颜色。

"烟雾倍增"数值框：数值越小，产生越透明的雾。

"半透明"：用来设置透明功能。

"厚度"数值框：决定透明层的厚度，当光线进入对象达到该值深度时将停止传递。

"散布系数"数值框：控制透明对象内部散射光线的方向。当值为 0 时，表示对象内部的光线将向所有方向散射；当值为 1 时，表示散射光线的方向与原进入该对象的初始光线的方向相同。

"正 / 背面系数"数值框：控制在透明对象内部有多少散射光线沿着原进入该对象内部的光线的方向继续向前传播或向后反射。当值为 1 时，表示所有散射光线将继续向前传播；当值为 0 时，表示所有散射光线将向后传播；当值为 0.5 时，表示向前和向后的传播的散射光线的数量相同。

"灯光倍增"数值框：即光线亮度倍增，它描述材质在对象内部所反射的光线的数量。

2. VRay 材质包裹器

VRay 材质包裹器不是一种独立的材质，该材质类型只是在其他材质类型上增加 VRay 散射和 VRay 全局照明效果，如图 7-2 所示。

"VRay 材质包裹器参数"卷展栏中主要参数的含义如下。

"基本材质"文本框：单击 None 按钮可以选择一种材质作为该材质包裹器的基本材质。

"生成全局照明"复选框：勾选该复选框，当前材质将反射全局光照光线，其数值框中的数值可以控制反射全局光线的强度，值越大，反射越强烈。1 表示标准反射。

"接收全局照明"复选框：勾选该复选框，当前材质将受到全局光照光线的照射，其数值框中的数值可以控制接收全局光线的程度，值越大，接收到的光线越多。

"生成焦散"复选框：勾选该复选框，当前材质将产生焦散光线，效果如图 7-3 所示。

图 7-2　"VRay 材质包裹器参数"卷展栏

图 7-3　焦散光线效果

"接受焦散"复选框：勾选该复选框，当前材质将接受其他对象产生的焦散光线照射。

"焦散倍增器"数值框：指的是"接收焦散"复选框后面的数值。设置焦散光线的强度，值越大焦散光线越强烈。

"无光属性"选项组：通过该选项组可以设置没有光泽度材质的阴影、颜色等属性，如布匹、纸张等。

3.VRay 双面材质

VRay 双面材质通常用于透明或者半透明空心对象或者双面对象，可以分别设置外层和内层材质，如图 7-4 所示，VRay 双面材质"参数"卷展栏中各参数的含义较为直观，这里就不详细讲述，如图 7-5 所示。

4. VRay 灯光材质

VRay 灯光材质是一种很简单的材质类型，设置这种材质可以模拟发光的效果，同 3ds Max 标准材质中的自发光效果相似。

图 7-4 VRay 双面材质渲染效果

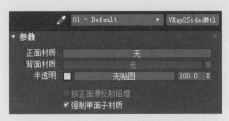

图 7-5 VRay 双面材质"参数"卷展栏

VRay 灯光材质的参数非常简单，仅有"颜色""倍增器"等几个参数选项，并且各个参数的含义都很直观，这里就不再详细解释。

7.1.2 VRay 常用材质参数详解

1. 白色乳胶漆

打开材质编辑器，选择一个空白材质球，选择"VRayMtl"材质，将材质球命名为"白色乳胶漆"，其他参数设置如图 7-6 所示。

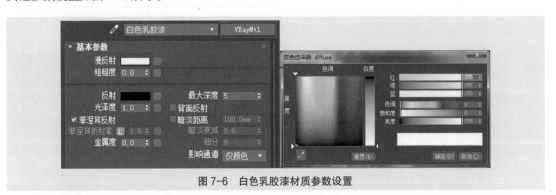

图 7-6 白色乳胶漆材质参数设置

2. 反光漆

打开材质编辑器，选择一个空白材质球，选择"VRayMtl"材质，将材质球命名为"反光漆"，在 VRayMtl 材质层级进行参数设置：设置"漫反射"颜色，为反射通道添加一个"Falloff"贴图，参数设置如图 7-7 所示。

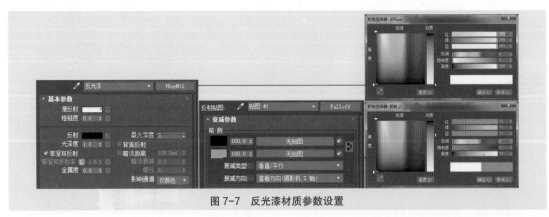

图 7-7 反光漆材质参数设置

注：反射是靠颜色的灰度来控制的。颜色越白，反射越强；颜色越黑，反射越弱。

3. 米黄色漆

打开材质编辑器，选择一个空白材质球，选择"VRayMtl"材质，将材质球命名为"米黄色漆"，参数设置同白色乳胶漆基本类似，调整"漫反射"颜色参数即可，如图 7-8 所示。

图 7-8 米黄色漆材质参数设置

4. 壁纸

（1）打开材质编辑器，选择一个空白材质球，选择"VRayMtl"材质，将材质球命名为"壁纸"。

（2）单击"漫反射"右侧的贴图按钮，为其添加一个"Bitmap"贴图，具体参数设置如图 7-9 所示。

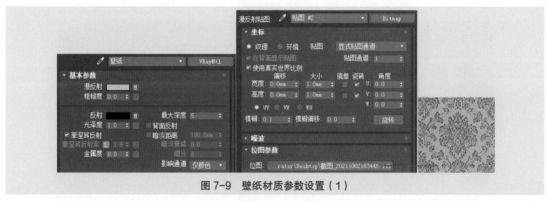

图 7-9 壁纸材质参数设置（1）

（3）通常情况下，壁纸颜色较深，且壁纸所占面积较大，容易对空间产生色溢现象，为了避免产生明显的色溢，需要为材质添加"VRay 材质包裹器"，具体参数设置如图 7-10 所示。

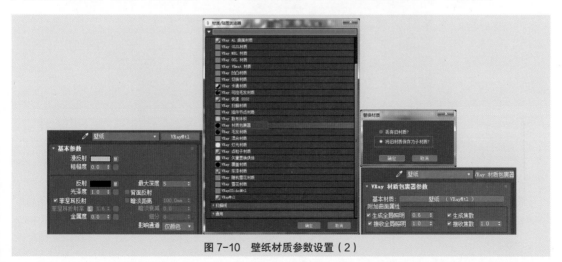

图 7-10 壁纸材质参数设置（2）

5. 亚光瓷砖

（1）打开材质编辑器，选择一个空白材质球，选择"VRayMtl"材质，将材质球命名为"亚光瓷砖"。

（2）单击"漫反射"右侧的贴图按钮，为其添加一个"Bitmap"贴图，具体参数设置如图 7-11 所示。

图 7-11　亚光瓷砖材质漫反射参数设置

（3）为"反射"通道添加一个"Falloff"贴图，颜色参数设置如图 7-12 所示。

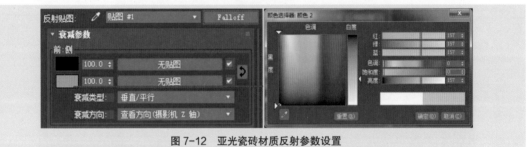

图 7-12　亚光瓷砖材质反射参数设置

（4）返回"VRayMtl"材质层级，进入"贴图"卷展栏，将"漫反射"右侧的贴图按钮拖曳到"凹凸"右侧的贴图按钮上，复制方法为"复制"，"凹凸"值设置为 70，如图 7-13 所示。

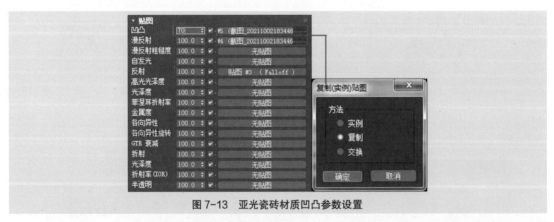

图 7-13　亚光瓷砖材质凹凸参数设置

注：光面瓷砖或光面石材的材质设置可将"反射／衰减／衰减类型"更改为"菲涅尔"，衰减颜色调整为浅白色；同时需取消勾选贴图菜单栏的"凹凸"复选框；其他参数的设置与亚光瓷砖参数保持一致。

6. 木纹材质

（1）打开材质编辑器，选择一个空白材质球，选择"VRayMtl"材质，将材质球命名为"木纹"。

（2）单击"漫反射"右侧的贴图按钮，为其添加一个"Bitmap"贴图，具体参数设置如图7-14所示。

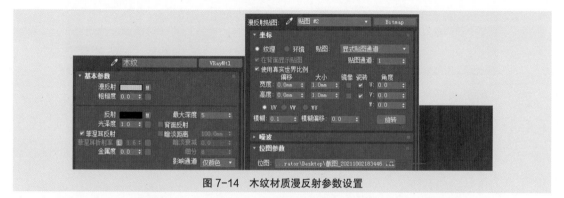

图 7-14　木纹材质漫反射参数设置

（3）为"反射"通道添加一个"Falloff"贴图，颜色参数设置如图7-15所示。

图 7-15　木纹材质反射参数设置

7. 黄色金属

打开材质编辑器，选择一个空白材质球，选择"VRayMtl"材质，将材质球命名为"黄色金属"，参数设置如图7-16所示。

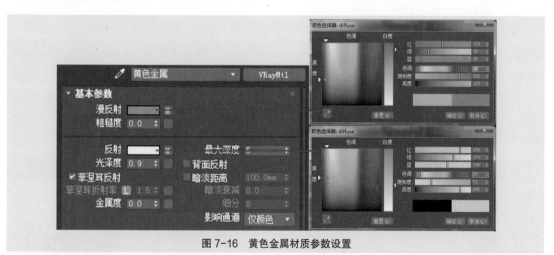

图 7-16　黄色金属材质参数设置

8. 吊灯玻璃材质

打开材质编辑器，选择一个空白材质球，选择"VRayMtl"材质，将材质球命名为"吊灯玻璃"，参数设置如图7-17所示。

图 7-17　吊灯玻璃材质参数设置

7.1.3　VRay 材质素材库的应用

　　VRay 常用材质的参数设置与 3ds Max 材质类似，仅在选择材质类型时有不同。具体的操作实例请参照本书 7.1.2 节。

7.2　灯光表现

7.2.1　灯光表现构成

　　计算机效果图的灯光构成主要分为自然光源与人为光源。自然光源主要指室外太阳光，人为光源主要指空间环境的灯光。

　　图 7-18 所示是以室外光源为主的效果图，图中绝大多数光源于室外的阳光环境。同时，室外光源还可以表现不同时间段的场景氛围，如清晨、正午、黄昏等。

图 7-18　室外光源为主的效果图

　　图 7-19 所示是以室内光源为主的效果图，图中绝大数光源于人工照射，如筒灯、射灯、灯槽等。这种效果图的场景氛围通常用于夜晚时段或是在没有室外采光的环境中。

　　通常情况下，效果图的灯光会采用两种光源结合的形式进行塑造，这样可以增加场景空间的层次感，使场景的氛围更加到位。图 7-20 所示的场景中自然光源以冷色为主，效果图右侧偏冷色调；效果图左侧的室内光源以暖色调为主，这种冷暖色调的变换使场景空间变得更加生动。

图 7-19　室内光源为主的效果图

图 7-20　室内外混合灯光效果图

7.2.2 灯光类型

目前，计算机效果图行业常用的灯光类型主要包括 VRay 灯光、VRay 太阳光、目标灯光（光域网）、泛光灯等。

VRay 渲染器自带光源中的常用光源包括 VRay 灯光和 VRay 太阳光。安装 VRay 软件包到 3ds Max 目录后，启动 3ds Max 就可以在"灯光"命令面板的下拉列表框中找到 VRay 灯光类型，如图 7-21 所示。

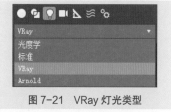

图 7-21　VRay 灯光类型

普通 VRay 光源默认形状与 3ds Max 光学度灯光中的自由面光源相似，默认呈面状，灯光平面的法线方向就是光照射方向，如图 7-22、图 7-23 所示。

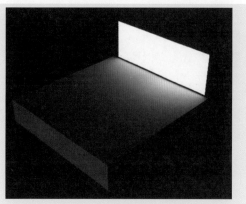

图 7-22　VRay 标准灯光模型　　　　图 7-23　VRay 灯光发光效果

1. VRay 灯光

选择"VRay 灯光"命令，在场景中拖曳鼠标指针即可创建 VRay 灯光，同时系统将在面板下方自动显示出 VRay 灯光相关参数，VRay 灯光的参数设置很简单，以平面灯光类型为例，如图 7-24 所示。

主要参数的具体含义如下。

"开"复选框：打开或关闭 VRay 灯光。

"类型"下拉列表框：该列表中有 5 种 VRay 灯光类型，即"平面""穹顶""球体""网格"和"圆形"。当选择"平面"选项时，如图 7-25 所示，VRay 灯光具有平面的形状；当选择"球体"选项时，如图 7-26 所示，光源呈球体状；当选择"穹顶"选项时，如图 7-27 所示，VRay 灯光呈半球穹顶状；当选择"网格"选项时，如图 7-28 所示，VRay 灯光呈现网格状；"圆形"灯光类型与"平面"灯光类型类似。

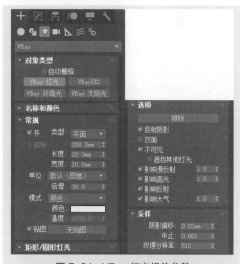

图 7-24　VRay 灯光相关参数

"长度""宽度"数值框：不同灯光类型显示不同的数值框。如果是平面灯光类型，其数值框可以设置 VRay 平面灯光的长度和宽度；如果是球体灯光类型，其数值框可以设置光源球体半径大小；

如果是穹顶光源类型，则数值框不可用。

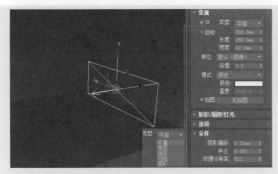

图 7-25 "平面" 灯

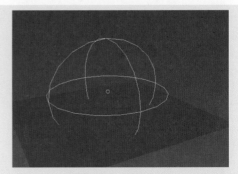

图 7-26 "球体" 灯

图 7-27 "穹顶" 灯

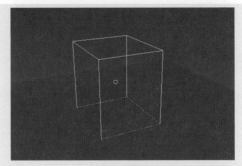

图 7-28 "网格" 灯

"单位" 下拉列表框：设置 VRay 灯光的亮度单位，其中选择 "默认（图像）" 选项将使用与 3ds Max 标准光源通用的照明单位；选择 "功率" 选项将使用与现实灯光同样的单位——瓦特（W）；选择 "辐射率" 选项将使用科学辐射单位。

"倍增" 数值框：使用一定的单位设置光源的亮度，值越大越亮。

"颜色"：设置 VRay 灯光发出的光线的颜色。

"排除" 命令：选择该命令将弹出 "排除 / 包含" 对话框，通过该对话框可以控制场景中的对象哪些被当前光源照射，哪些不被光源照射。

"双面" 复选框：当 VRay 灯光为平面光源时，该复选框控制光线是否从面光源等两个面发射出来（当选择球面光源时，该选项无效），如图 7-29、图 7-30 所示。

图 7-29 未勾选 "双面" 复选框效果

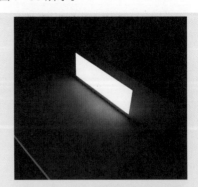

图 7-30 勾选 "双面" 复选框效果

"不可见"复选框：控制 VRay 灯光的形状是否在最终渲染场景中显示出来。勾选该复选框时，发光体不可见；取消勾选该复选框时，VRay 灯光会以当前光线的颜色渲染出来，如图 7-31、图 7-32 所示。

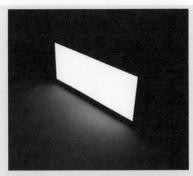

图 7-31　未勾选"不可见"复选框效果

图 7-32　勾选"不可见"复选框效果

"影响漫反射"复选框：如果取消勾选该复选框，灯光就不参与房间的主要照明，但可以对场景中的对象进行高光的影响。

"影响高光"复选框：如果取消勾选该复选框，光就只能对场景进行照明影响，物体不会由此灯产生高光效果。

"影响反射"复选框：如果取消勾选该复选框，光就不会被别的物体反射出来。

"影响大气"复选框：如果取消勾选该复选框，光就不会对大气产生影响。

"阴影偏移"数值框：控制物体与阴影的偏移距离，较高值会影响灯光方向偏移。

"中止"数值框：设置采样的最小阈值。

2. VRay 太阳光

VRay 太阳光是 VRay 在 VRay1.47 版本才加入的功能，通过设置 VRay 太阳光可以很真实地模拟室外效果图中日光照射的效果和室内效果图中窗口阳光效果，如图 7-33 所示。

选择"VRay 太阳光"命令，在场景中拖曳鼠标指针即可创建 VRaySun。同时系统将在面板下方自动显示出"VRay 太阳光参数"卷展栏，如图 7-34 所示。

图 7-33　VRay 太阳光在室内外设计效果图中的应用

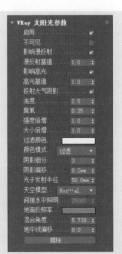

图 7-34　"VRay 太阳光参数"卷展栏

通过"VRay太阳光参数"卷展栏可以设置VRay太阳光的各种参数，其中各参数含义如下。

"启用"复选框：用于打开或关闭VRay太阳光。

"浊度"数值框：用于设置阳光光色的纯度，一般晴朗的天空浊度值较小，阴天的则较大。

"臭氧"数值框：用于模拟现实中的空气含臭氧程度，含量越高光线越偏黄色，含量越低光线越偏蓝色。

"强度倍增"数值框：用于设置VRay太阳光的亮度。

"大小倍增"数值框：用于设置VRay太阳光的照射衰减范围。

"阴影细分"数值框：控制VRay用于计算照明时阳光阴影的采样点数量，值越大效果越好，但是渲染速度越慢。

"阴影偏移"数值框：用于控制阴影偏移量，以达到更加接近真实的效果。

"光子发射半径"数值框：用于控制阳光渲染效果，值越小光子发射半径越小，光线越细腻。

3. 目标灯光（光域网）

目标点光源主要应用于计算机效果图中筒灯、射灯等集中照明的灯具表现当中，如图7-35所示。

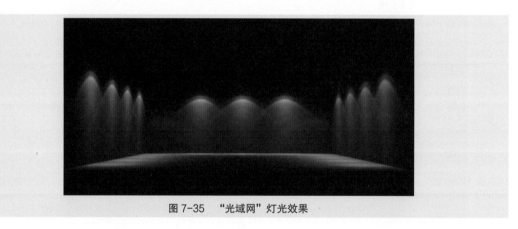

图7-35 "光域网"灯光效果

选择"灯光"命令面板 💡，在灯光类型下拉列表框中选择"光度学"，里面包含"目标灯光""自由灯光""太阳定位器"3种灯光。在计算机效果图制作过程中，"目标灯光"是最常用的灯光类型。选择"目标灯光"命令，在场景前视图中拖曳鼠标指针创建一盏目标灯光，创建完毕后，系统将在面板下方自动显示出目标灯光的"常规参数"卷展栏，如图7-36所示。

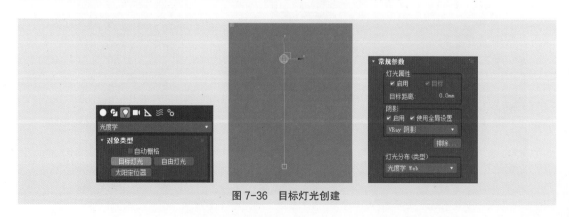

图7-36 目标灯光创建

在其中设置"灯光分布（类型）"为"光度学 Web"，出现"分布（光度学 Web）"卷展栏。在灯光"分布（光度学 Web）"卷展栏中可以选择光度学文件。设计师可以根据灯光设计要求选择所需要的灯光类型及照明方式，4 盏筒灯的光域网效果（光域网资料见本书配套资源包）与参数设置如图 7-37 所示。

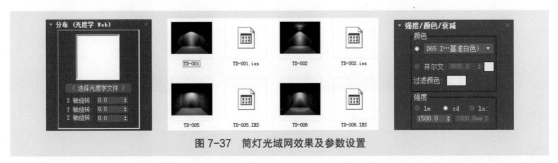

图 7-37　筒灯光域网效果及参数设置

目标灯光时常采用阵列形式排列，也可以运用复制工具进行关联复制与非关联复制，如图 7-38 所示。

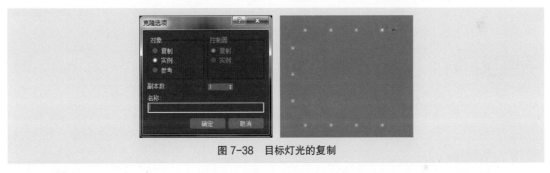

图 7-38　目标灯光的复制

4. 泛光灯

使用 VRay 渲染器渲染时，泛光灯通常作为辅助光源。选择"灯光"命令面板，在灯光类型下拉列表框中选择"标准"，选择"泛光"命令，在场景中单击创建一盏泛光灯，参数设置如图 7-39 所示。

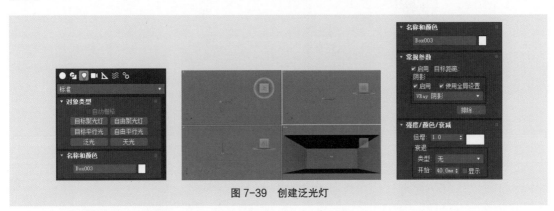

图 7-39　创建泛光灯

单击"快速渲染"按钮，最终渲染效果如图 7-40 所示。

图 7-40　渲染效果

项目小结

　　本项目主要对 VRay 材质及 VRay 灯光进行了初步讲解，包括 VRay 材质中常见的几种材质的参数设置，以及 VRay 灯光中点光源、面光源、聚光灯、光域网的相关介绍。

拓展实训

　　参照项目 7 的拓展实训"玻璃陶瓷陈列品"源文件，创建场景中的灯光与材质，最终完成图 7-41 所示的效果。（提示：使用 VRay 灯光中球体类型模拟台灯效果，用平面类型模拟环境光效果、玻璃材质与陶瓷材质。）

图 7-41　玻璃陶瓷陈列品效果图

第 2 篇

3ds Max+VRay+ Photoshop
项目实训篇

- 项目 8　3ds Max 室内空间场景建模
- 项目 9　现代简约风格客厅空间效果图表现
- 项目 10　办公大堂空间效果图表现
- 项目 11　现代风格酒店大堂空间效果图表现
- 项目 12　复古茶馆室内效果图后期处理

项目 8

3ds Max 室内空间场景建模

08

　　在室内设计效果图行业中，3ds Max 建模通常采用两种方法。第一种运用 3ds Max 标准几何体进行模型的堆砌，此方法对初学者来说比较容易掌握，但操作时间较长，同时因为使用标准几何体建模场景中模型的面数会增加，使得效果图制作的操作时间和渲染时间均有所增加。第二种采用 3ds Max 线性工具、挤出等修改器进行场景模型单面建模，此方法操作简单，同时因为是单面模型，场景模型占用计算机较少内存，能够有效减少操作时间和渲染时间。

　　目前，第二种方法在室内设计效果图行业中被广泛应用，本项目主要讲述用 3ds Max 进行单面建模的方法。

课堂学习目标

1. 了解室内场景效果图模型绘制的基本流程及要点

2. 了解室内场景效果图的摄影机的设置方法

3. 了解室内场景效果图的模型合并与导入方法

8.1 准备 CAD 图纸

1. CAD 模型整理

打开本书配套资源"项目 8 3ds Max 室内空间场景建模 / 图纸"文件，如图 8-1 所示。在对场景进行建模之前，需要设计师对设计图纸进行分析，并对 CAD 文件进行整理。本案例主要对场景的客厅、餐厅部分进行效果图制作，精简后的 CAD 模型如图 8-2 所示，并将文件保存为"项目 8 3ds Max 室内空间场景建模 / 平面图"。

微课

准备 CAD 图纸

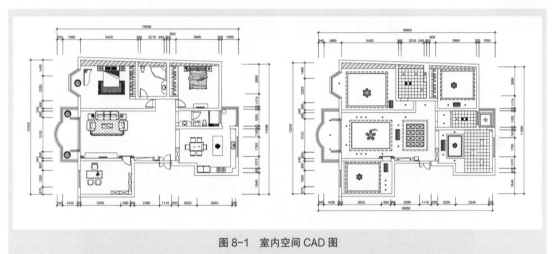

图 8-1　室内空间 CAD 图

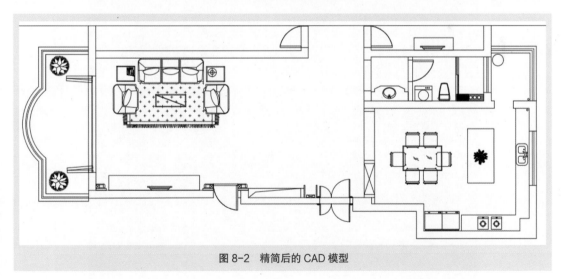

图 8-2　精简后的 CAD 模型

2. 单位设置

室内设计效果图制图应与 CAD 图纸尺寸保持统一，以毫米为单位。选择 3ds Max 菜单栏中的"自定义"/"单位设置"命令，打开"单位设置"对话框。在"公制"下拉列表框中选择"毫米"选项；单击"系统单位设置"按钮，打开"系统单位设置"对话框，选择"毫米"为单位，如图 8-3 所示。

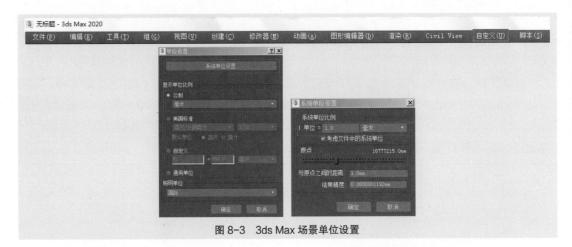

图 8-3　3ds Max 场景单位设置

3. 取消网格显示

为了方便进行后面的模型绘制，应当将 3ds Max 取消显示视图网格。单击使场景视图处于被选中状态，按 G 键，将 3ds Max 视图网格取消显示，如图 8-4 所示；再次按 G 键，视图网格再次显示。

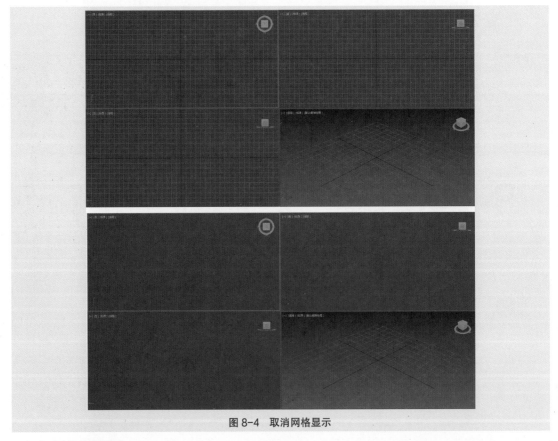

图 8-4　取消网格显示

4. CAD 模型导入

选择 3ds Max 菜单栏中的"文件"/"导入"命令，打开"选择要导入的文件"对话框，在"文件类型"下拉列表框中选择"AutoCAD 图形（*.DWG，*.DXF）"选项，将之前精简完毕的"平面图" CAD 文件导入。具体设置如图 8-5 所示。

图 8-5　CAD 模型导入

5. CAD 模型整理

导入 CAD 文件后，要对 CAD 文件进行整理，步骤如下。

（1）导入 3ds Max 场景的 CAD 文件在立面图中有时并未保持平面标高一致，如图 8-6 所示。选择"对齐"工具 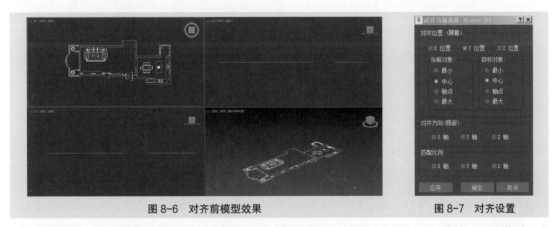，打开"对齐当前选择"对话框；勾选"Y 位置"复选框，"当前对象""中心"对齐"目标对象""中心"，如图 8-7 所示。

图 8-6　对齐前模型效果　　　　　　　　　　　图 8-7　对齐设置

（2）将 CAD 模型进行成组，方便后面进行模型创建。按组合键 Ctrl+A，全选 CAD 模型；选择"组"/"成组"命令，打开"组"对话框，将成组后的模型命名为"CAD"，单击"确定"按钮，如图 8-8 所示。

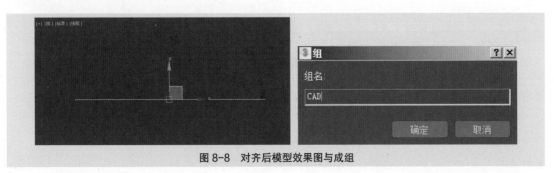

图 8-8　对齐后模型效果图与成组

（3）选择 CAD 模型，选择"选择并移动"工具，将鼠标指针移动至 *x* 轴、*y* 轴、*z* 轴箭头位置并分别单击鼠标右键，将模型坐标归零。单击视图导航区的"最大化视口切换"按钮，效果如图 8-9 所示。

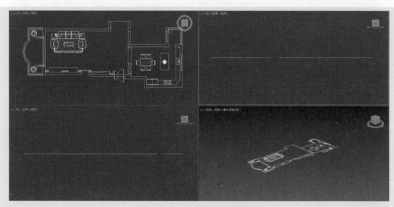

图 8-9　CAD 坐标归零

（4）选择 CAD 文件，选择"名称和颜色"卷展栏中的"CAD"选项，将模型颜色进行统一。如图 8-10 所示。

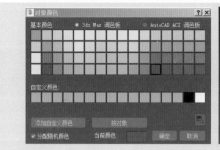

图 8-10　统一 CAD 模型颜色

8.2　墙体模型的创建

（1）在捕捉开关工具组中选择"2.5D 捕捉"工具；在该工具上单击鼠标右键，打开"栅格和捕捉设置"窗口，勾选"顶点"复选框，如图 8-11 所示。

（2）单击视图导航区的"最大化视口切换"按钮将平面图视口最大化。选择"图形"命令面板，在下拉列表框中选择"样条线"，选择"线"命令，在墙体内侧创建线形，在门窗处单击，当墙体线形单击至闭合处时打开"样条线"对话框，提示"是否闭合样条线"，单击"是"按钮，如图 8-12 所示。

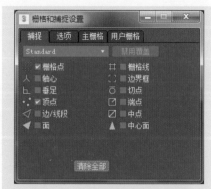

图 8-11　"栅格和捕捉设置"窗口

微课

墙体模型的创建

备注：当墙体线形的点创建错误需要撤销时，可按快捷键 BackSpace 进行撤销，再继续进行绘制。

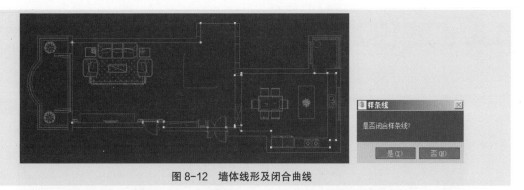

图 8-12　墙体线形及闭合曲线

（3）选取模型，选择"修改"命令面板 $\mathcal{C}$，选择"挤出"修改器。设置"参数"卷展栏"数量"为场景的实际高度 3000mm，如图 8-13 所示。

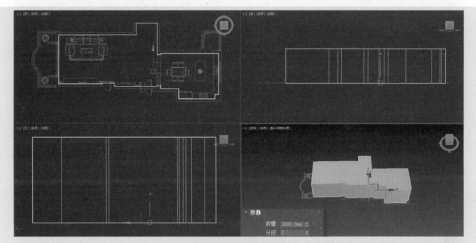

图 8-13　挤出模型

（4）选取模型，选择"修改"命令面板 $\mathcal{C}$，选择"法线"命令，对墙体模型进行翻转法线操作，模型整体呈黑色，单击鼠标右键，选择"对象属性"命令，打开"对象属性"对话框，勾选"背面消隐"复选框，单击"确定"按钮，效果如图 8-14 所示。

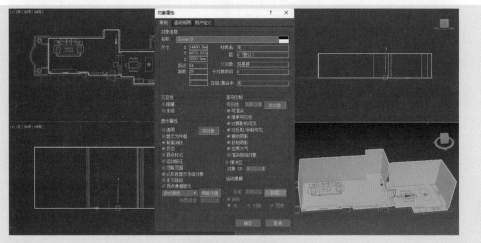

图 8-14　背面消隐

8.3 门窗洞口的创建

（1）选取模型，单击鼠标右键选择"转换为"/"转换为可编辑多边形"命令，在透视视图标题处单击鼠标右键选择线框模式，如图 8-15 所示。

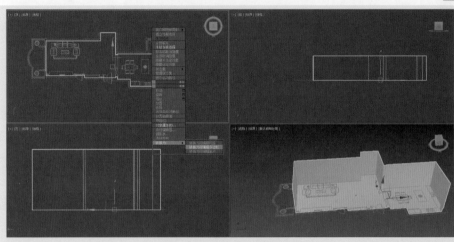

图 8-15　转换为可编辑多边形

（2）选择墙体，选择"修改"命令面板 ⟨Ⅰ⟩，选择"线"子对象，按住 Ctrl 键选择门洞处创建的两条线；选择"修改"命令面板 ⟨Ⅰ⟩/"编辑边"/"连接"命令，之前选择的门洞线条中间将出现一条横向线条；选择"选择并移动"工具 ✥，将坐标系 z 轴标注改为 2100mm；选择门洞面，按 Delete 键将此面删除，如图 8-16 所示。

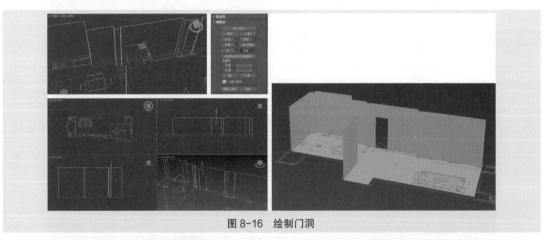

图 8-16　绘制门洞

（3）选择"修改"命令面板 ⟨Ⅰ⟩，选择"线"子对象；按住 Ctrl 键选择需要进行窗洞创建的两条线条；展开"编辑边"卷展栏，单击"连接"命令后面的"设置"按钮 □，打开"连接边"对话框，在分段处选择 2；此时，在之前选择的窗洞线条中间将出现两条横向线条；选择"选择并移动"工具 ✥，分别将坐标系 z 轴标注改为 900mm、2100mm；选择"修改"命令面板 ⟨Ⅰ⟩，选择"多边形"子对象，选择门洞面，按 Delete 键将此面删除，得到门洞效果。继续按照上述方法对场景模型进行门洞与窗洞的绘制，如图 8-17 所示。

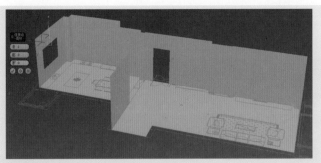

图 8-17　创建窗洞

8.4　门框的创建

门框的绘制操作步骤如下。

（1）将场景立面图最大化显示，运用"线"命令进行门洞样条线的绘制，单击鼠标右键结束绘制。选择所创建的门洞样条线，单击鼠标右键将模型转换为可编辑样条线，选择"修改"命令面板，选择"线"子对象，在"轮廓"后面输入门框的宽度60mm，选择"挤出"修改器，将门框样条线挤出场景模型墙体的厚度150mm，选择"选择并移动"工具✛将模型与门框实际位置进行对齐（通常门框会凸出墙体15mm），如图 8-18 所示。

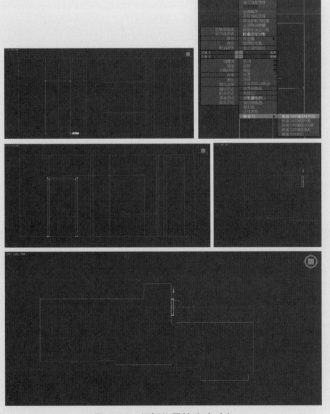

图 8-18　门框位置的移动对齐

（2）按照上述的方法继续创建场景模型的门框，进行成组，并将模型颜色进行统一，如图 8-19 所示。

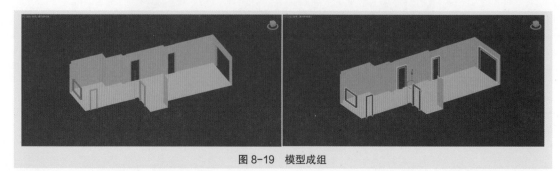

图 8-19　模型成组

8.5　天花板的创建

接下来绘制室内场景天花板模型，步骤如下。

（1）分析 CAD 图纸，对建模场景的天花板设计进行分析，了解场景的标高、造型及施工做法等要素，为场景建模做好准备工作，如图 8-20 所示。

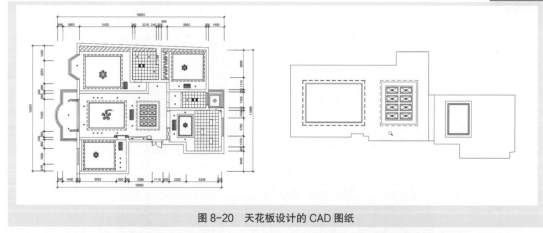

图 8-20　天花板设计的 CAD 图纸

（2）修剪天花板 CAD 模型，并将其导入 3ds Max 成组，对齐墙体模型，如图 8-21 所示。

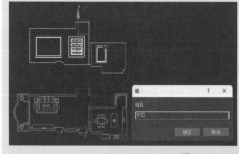
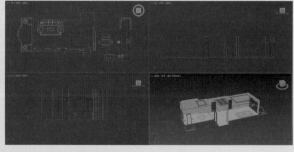

图 8-21　天花板 CAD 模型成组并对齐

（3）取消勾选"开始新图形"复选框，保持天花板模型的整体性；选择"线"命令，单击"2.5D

捕捉"工具 ，沿墙体内侧绘制线条，闭合样条线，选择"挤出"修改器，参数值输入 80mm，得到的结果如图 8-22 所示。

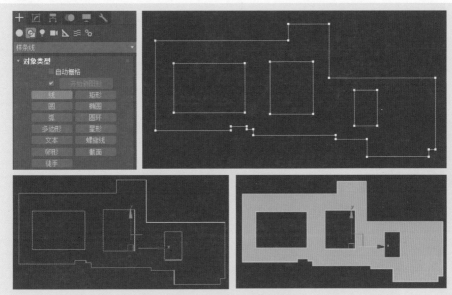

图 8-22　绘制天花板模型

（4）将天花板模型转化为可编辑多边形，选择"多边形"子对象，将吊顶上部单面删除；选择"边"子对象选择图 8-23 所示位置，单击"挤出"命令后面的"设置"按钮 ，打开"挤出边"对话框，参数设置如图 8-24 所示。进入立面图，按住 Shift 键，选择"选择并移动"工具 ✛ 向上移动 120mm，如图 8-25 所示，全部取消隐藏，将天花板模型对齐墙体模型。选择墙体模型，选择"附加"命令，将天花板模型与墙体模型附加为一个整体，如图 8-26 所示。

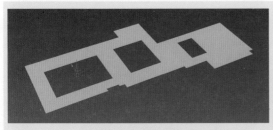

图 8-23　选择边线

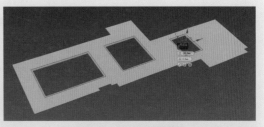

图 8-24　挤出灯槽宽度

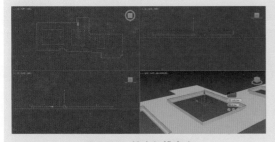

图 8-25　挤出灯槽高度

图 8-26　墙体附加天花板模型

8.6 建立摄影机

在"创建"命令面板 上选择"摄影机"命令面板 ，选择"目标"命令，在平面图视图中创建一盏目标摄影机；选择"修改"命令面板 ，在"参数"卷展栏中调整镜头宽度为20mm；进入立面图，运用"选择并移动"工具 调整摄影机高度为1100mm，进入摄影机视图，效果如图8-27所示。

微课
建立摄影机

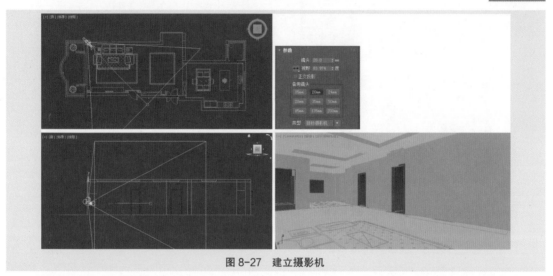

图8-27　建立摄影机

8.7 立面的创建

运用 3ds Max 二维线建模与放样建模工具创建立面模型。

（1）建立入户门处装饰柜模型，得到的效果如图8-28所示。

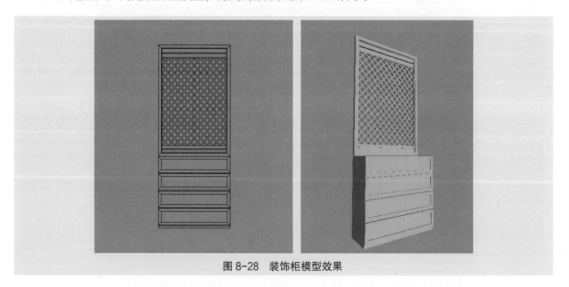

图8-28　装饰柜模型效果

（2）建立电视背景墙主立面，如图 8-29 所示。

图 8-29　电视背景墙效果

8.8　模型的合并与导入

　　近年来，计算机效果图行业发展迅速，计算机效果图的素材模型亦层出不穷。作图时，设计师可以充分利用平时积累的素材模型辅助建模，可以大大减少建模的时间。

　　3ds Max 支持多种文件的合并与导入，常用的文件类型有 MAX/3DS/SKP 等。选择"文件"/"合并"命令，选择需要合并的模型对象，调整模型至场景合适的位置。选择"文件"/"导入"命令，选择需要导入的模型对象，调整模型至场景合适的位置。在计算机效果图制作过程中，模型合并与指定材质等步骤需要循环进行，以避免材质贴图的丢失。

　　室内空间场景建模完成后，可以根据场景风格需要搭配家具，为了减少建模制图时间，我们可以找到需要的家具模型进行合并与导入，具体步骤请参见配套资源。本项目室内设计场景模型最终效果如图 8-30 所示。

微课

模型的合并与导入

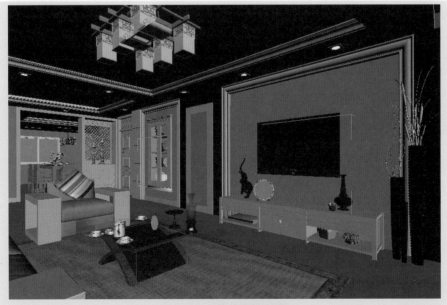

图 8-30　场景模型最终效果

客厅最终渲染效果如图 8-31 所示。

图 8-31　客厅效果图

项目小结

本项目主要介绍将 CAD 图纸导入 3ds Max 中绘制三维模型的方法，通过对场景模型的分析设置摄影机的方法，合并导入相应的单体模型的方法。

拓展实训

利用配套资源中的拓展实训素材，通过二维图形创建三维模型，并导入相应的单体模型，创建摄影机及灯光，最终完成图 8-32 所示的效果图。

图 8-32　客厅效果图

项目 9

09

现代简约风格客厅空间
效果图表现

本项目以通过 3ds Max 建模得到的简约客厅三维模型为对象，通过对场景模型的材质属性分析和灯光构成分析，运用 VRay for 3ds Max 进行材质调整、灯光设置和渲染成图，最终完成现代简约风格客厅空间效果图的制作。

课堂学习目标

1. 掌握现代简约风格客厅空间效果图的制作流程及要点
2. 掌握现代简约风格客厅空间效果图的灯光构成及灯光设置方法
3. 掌握现代简约风格客厅空间效果图的常见材质的构成及设置方法
4. 掌握测试渲染图和最终渲染图的参数设定方法

9.1 现代简约风格客厅场景简介

本项目演示案例运用 3ds Max 结合 VRay 渲染器和 Photoshop 进行。

案例展现的是现代简约风格客厅空间效果图。采用的是现代风格的家具及装饰元素，让人感受到现代风格的大气、简洁气息。

本场景模拟的是白天场景，主要光源是室外天光，室内的人工照明为辅，如图 9-1 所示。

微课

现代简约风格
客厅场景简介

图 9-1　现代简约风格客厅最终渲染效果

9.2 测试渲染设置

打开配套资源中"项目 9 现代简约风格客厅源文件 .max"场景文件，可以看到这是一个已经创建好的客厅场景，并且场景中摄影机已经创建好。

下面进行测试渲染参数设置，步骤如下。

（1）按 F10 键打开"渲染设置"窗口，在"公用"选项卡"指定渲染器"卷展栏中单击"产品级"右侧的"选择渲染器"按钮 ，在打开的"选择渲染器"对话框中选择安装好的"V-Ray 5, update 2.1"渲染器，如图 9-2 所示。

微课

测试渲染设置

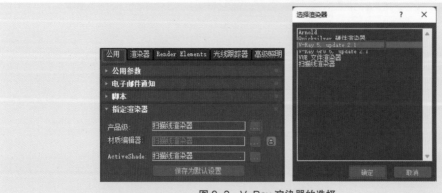

图 9-2　V-Ray 渲染器的选择

（2）在"公用"选项卡的"输出大小"选项组中设置图像尺寸，在"渲染输出"选项组中勾选"渲染帧窗口"复选框，如图9-3所示。

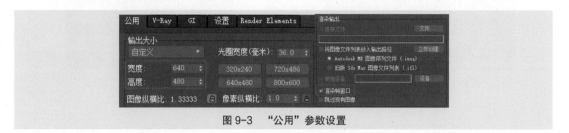

图9-3 "公用"参数设置

（3）切换为"V-Ray"选项卡，在"帧缓冲区"卷展栏中取消勾选"启用内置帧缓冲区"复选框，如图9-4所示。

（4）展开"全局开关"卷展栏，按住鼠标左键从"默认"模式调到"高级"模式，勾选"覆盖材质"复选框并单击旁边按钮加载"VRayMtl"材质球，按M键打开材质编辑器并拖曳一个空白的默认材质球替换"覆盖材质"选项后面的"VRayMtl"材质，激活"实例"，单击"确定"按钮，如图9-5所示。这个部分操作主要用来渲染白模设置。

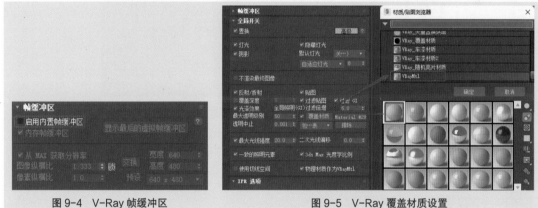

图9-4 V-Ray 帧缓冲区　　　　　图9-5 V-Ray 覆盖材质设置

展开"图像过滤器"卷展栏，在"过滤器"下拉列表框中选择"Catmull-Rom"选项，如图9-6所示。

（5）在"全局照明"卷展栏中勾选"启用GI"复选框，设置"首次引擎"为"发光贴图"，设置"二次引擎"为"灯光缓存"，如图9-7所示。

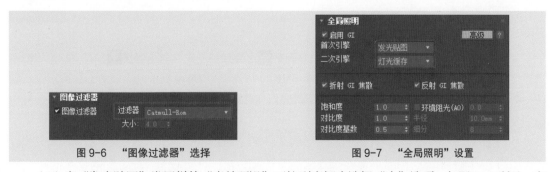

图9-6 "图像过滤器"选择　　　　　图9-7 "全局照明"设置

（6）在"发光贴图"卷展栏的"当前预设"下拉列表框中选择"中"选项，如图9-8所示。在"灯光缓存"卷展栏中设置"预设"为"静帧"，如图9-9所示。

图 9-8 "发光贴图"设置

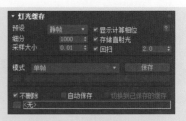

图 9-9 "灯光缓存"设置

（7）其他卷展栏保持默认设置。

（8）设置好参数后在"渲染设置"窗口中的"预设"下拉列表框中选择"保存预设"选项，在打开的"选择预设类别"对话框中进行保存，如图 9-10 所示，下次需要用的时候再加载预设，这样可以节省设置时间。

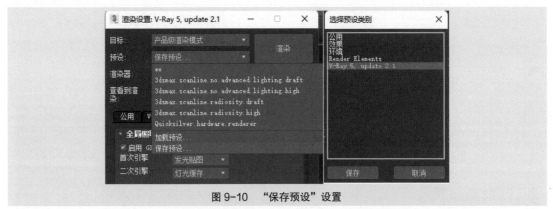

图 9-10 "保存预设"设置

132

预设渲染参数是根据自己的经验和计算机本身的硬件配置得到的一个相对比较初级的渲染设置，书中所设置的参数可以作为参考，读者也可以尝试一些其他的参数设置。

9.3 布置场景灯光

本案例客厅是日景场景，其光源主要由室外天光、人工照明和补光这 3 种组成，室外天光作为主要光源，下面使用"VRay 灯光"来模拟室外的天光，在布置室外天光之前需将窗户处的"纱帘"隐藏，否则室外的光线会被遮挡。

微课

布置场景灯光

9.3.1 布置天光

（1）布置窗户外天光 1。在"创建"命令面板➕上选择"灯光"命令面板💡，在下拉列表框中选择"VRay"，在"对象类型"卷展栏选择"VRay 灯光"（VRay 平面光）命令，在窗户位置创建一个"VRay 灯光"，可先在顶视图中放置灯光再在前视图中调整灯光的大小及高度，大小保持与窗户大小一致，具体如图 9-11 所示。

（2）布置窗户外天光 2。光线照射进室内是由强转弱的渐变过程，现在需要追加一层天光，在上述的"VRay 灯光"上按住 Shift 键直接拖曳复制出一个"VRay 灯光"，参数设置如图 9-12 所示。

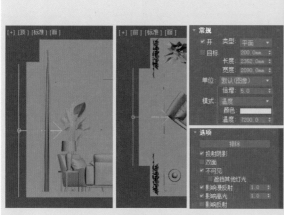

图 9-11　"VRay 灯光" 1 参数设置

图 9-12　"VRay 灯光" 2 参数设置

（3）对"VRay 灯光"光源进行参数设置，并进行测试渲染，效果如图9-13所示。从画面中可以看出室内光线还是不够，这种情况如果继续加大室外天光会造成窗户区域曝光，因此需要在室内空间增加室内光。

（4）补光。在"VRay 灯光"上按住Shift 键直接拖曳复制出一个"VRay 灯光"，再根据光线会随着空间的深入而逐渐衰弱的特性调整灯光尺寸及倍增，具体参数设置如图 9-14 所示，测试渲染效果如图 9-15所示。

图 9-13　测试渲染效果

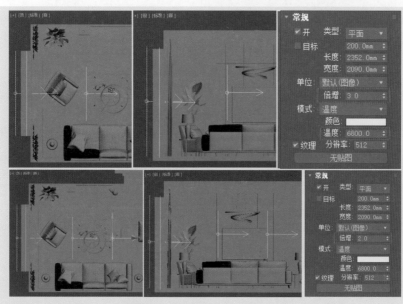

图 9-14　"VRay 灯光" 3 参数设置

图 9-15　测试渲染效果

9.3.2　布置室内人工照明

（1）布置吊灯灯光。为了更好地布置吊灯灯光，需要先将吊灯孤立于其他模型外，单击鼠标右键，选择"孤立当前选择"命令即可，再将整个吊灯进行冻结，单击鼠标右键，选择"冻结当前选择"命令，这样确保在布置灯光时候不会受到造型灯的影响。吊灯属于不规则的 3 层面灯，其布置方法跟普通灯光布置方法不一致，先根据灯管造型选择"图形"命令面板 ，选择"圆"命令，绘制一个圆调整圆的形状使其与灯的形状大体相同，并调整圆的"步数"为 12，这样圆会更加圆滑，如图 9-16 所示。

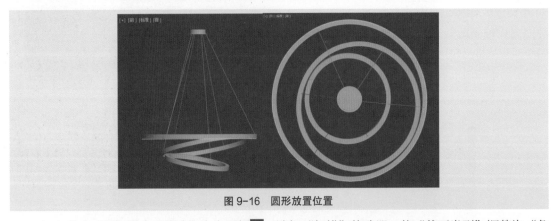

图 9-16　圆形放置位置

（2）单击"圆"进入"修改"命令面板 ，选择"扫描"修改器，将"截面类型"调整为"角度"，在"参数"卷展栏中根据灯的面宽设置其长度、宽度和厚度，具体设置如图 9-17 所示，设置完成后在圆形上单击鼠标右键，选择"转换为"/"转换为可编辑网格"命令，如图 9-18 所示。

图 9-17　圆的具体设置　　　　　　　　　　图 9-18　转换为可编辑网格

（3）在顶视图中放置一个"VRay灯光"并调整前视图中的灯光高度,如图9-19所示。选择"修改"命令面板![icon],在"常规"卷展栏中将"类型"改成"网格"再调整其倍增大小和颜色,在"网格灯光"卷展栏中选择"Pick mesh"命令并拾取上面绘制的圆,在"选项"卷展栏中勾选"不可见"复选框,如图9-20所示。测试渲染效果如图19-21所示。

图 9-19　放置"VRay 灯光"位置

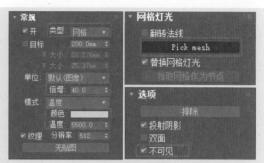

图 9-20　"VRay 灯光"设置

（4）布置台灯灯光。选择"创建"命令面板![icon],选择"灯光"命令面板![icon],在下拉列表框中选择"VRay",在"对象类型"卷展栏中选择"VRay 灯光"命令,在台灯位置创建一个"VRay 灯光",可先在顶视图位置处放置灯光再在前视图中调整其大小及高度,保持与窗户大小一致,展开"常规"卷展栏,将"类型"从"平面"灯改成"球体",具体设置如图 9-22 所示,测试渲染效果如图 9-23 所示。

图 9-21　测试渲染效果

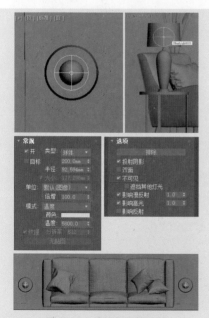

图 9-22　球体灯光的设置

图 9-23　测试渲染效果

9.3.3 布置室内空间补光

（1）室外天光和室内人工光源布置好之后还需要布置局部补光，在一些需要重点突出的沙发和电视柜上补光。补光选用"光度学"下的"目标灯光"，布置时在前视图中由上往下放置灯光，再回到顶视图移动灯光位置，如图9-24所示。

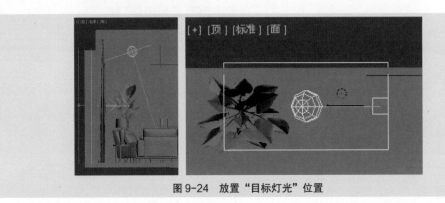

图 9-24　放置"目标灯光"位置

（2）选择"修改"命令面板，在"常规参数"卷展栏的"阴影"选项组中启用"VRayShadow"，在"灯光分布（类型）"选项组中选择"光度学Web"选项，选择"选择光度学文件"命令加载"IES"灯，展开"强度/颜色/衰减"卷展栏调整灯光强度及过滤颜色，具体参数设置如图9-25所示，测试渲染效果如图9-26所示。

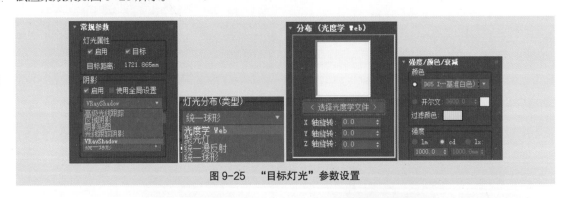

图 9-25　"目标灯光"参数设置

图 9-26　测试渲染效果

9.4 设置场景材质

9.4.1 设置天花板及墙体材质

（1）设置天花板白色乳胶漆材质。按 M 键打开材质编辑器，选择一个空白材质球，将其设置为"VRayMtl"材质，并命名为"白色乳漆胶"，单击"漫反射"右侧的贴图按钮，为其添加一个输出贴图，并单击"漫反射"后面的色块将漫反射颜色设置为白色，再设置"反射"参数，如图 9-27 所示。

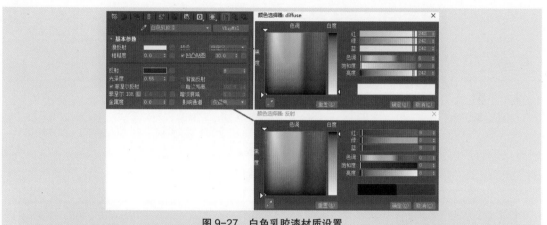

图 9-27　白色乳胶漆材质设置

（2）设置墙体有色混漆材质。按 M 键打开材质编辑器，选择一个空白材质球，将其设置为"VRayMtl"材质，并命名为"有色混漆"。单击"漫反射"后面的色块调整漫反射颜色，如图 9-28 所示。

（3）设置电视背景造型板材质。按 M 键打开材质编辑器，选择一个空白材质球，将其设置为"VRayMtl"材质，并命名为"电视背景造型板"。单击"漫反射"后面的色块调整漫反射颜色为白色，单击"反射"后面的色块调整反射颜色，参数设置如图 9-29 所示。

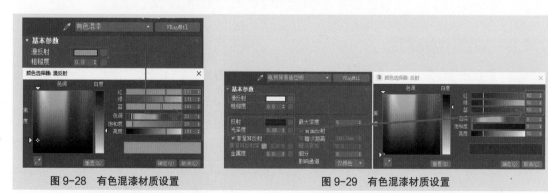

图 9-28　有色混漆材质设置　　　　　图 9-29　有色混漆材质设置

9.4.2 设置地砖及地毯材质

（1）按 M 键打开材质编辑器，选择一个空白材质球，将其设置为"VRayMtl"材质，并命名为"地砖"，单击"漫反射"右侧的贴图按钮，再单击"漫反射贴图"右侧的"Bitmap"按钮，添加一个贴图，如图 9-30 所示。

图 9-30　地砖材质设置（1）

（2）单击"反射"后面的色块调整反射颜色，如图 9-31 所示，调整好之后赋予地砖该材质，会发现场景没有显示材质贴图，需要选择"UVW 贴图"修改器，再展开"UVW 贴图"卷展栏选择"Gizmo"选项，在下面"参数"卷展栏中激活"长方体"并设置地砖的长度、宽度和高度，如图 9-32 所示。

图 9-31　地砖材质设置（2）

（3）设置地毯材质。按 M 键打开材质编辑器选择一个空白材质球，将其设置为"VRayMtl"材质，并命名为"地毯"。单击"漫反射"右侧的贴图按钮，添加一个贴图，拖曳漫反射贴图，以"实例"方式赋予"凹凸"通道中并设置值为 5，如图 9-33 所示。

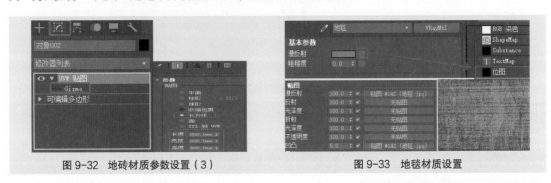

图 9-32　地砖材质参数设置（3）　　　　　　图 9-33　地毯材质设置

9.4.3　设置沙发材质

（1）设置布艺沙发材质。选择一个空白材质球，将其设置为"VRayMtl"材质，并命名为"布艺沙发"，单击"漫反射"右侧的贴图按钮，为其添加一个"Bitmap"贴图。贴图文件为本书配套资源中的"布艺沙发 .jpg"文件，如图 9-34 所示。

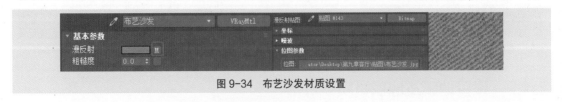

图 9-34　布艺沙发材质设置

（2）设置沙发抱枕材质。选择一个空白材质球，将其设置为"VRayMtl 材质"，并命名为"抱枕"。贴图文件为本书配套资源中的"抱枕 .jpg"文件，如图 9-35 所示。

图 9-35 沙发抱枕材质设置

（3）设置深色沙发底座材质。选择一个空白材质球，将其设置为"VRayMtl"材质，并命名为"沙发底座"，设置"漫反射"为黑色，"反射"调整为深灰色，"光泽度"为 0.5，如图 9-36 所示。

图 9-36 深色沙发底座材质设置

（4）设置单体皮质沙发材质。选择一个空白材质球，将其设置为"VRayMtl"材质，并命名为"皮质沙发"，单击"漫反射"右侧的贴图按钮，为其添加一个颜色贴图，并为"反射"设置反射程度，将"光泽度"设置为 0.75，其余设置如图 9-37 所示，沙发腿直接用"深色沙发底座"材质球赋予材质。

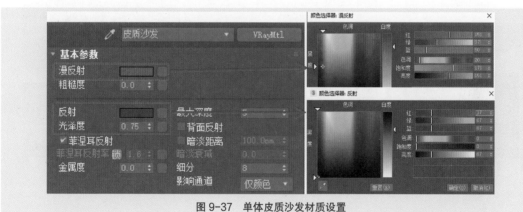

图 9-37 单体皮质沙发材质设置

9.4.4 设置木纹材质

（1）设置电视柜木纹材质。选择一个空白材质球，将其设置为"VRayMtl"材质，并命名为"电视柜"，单击"漫反射"右侧的贴图按钮，添加一个"Bitmap"贴图。贴图文件为本书配套资源中的"木纹 1.jpg"文件，单击"反射"右侧的贴图按钮添加"Falloff"贴图并在"前：侧"选项组中设置下方色块偏蓝色，表示受天光影响，如图 9-38 所示。

（2）设置边桌木纹材质。由于边桌材质同电视柜都是木纹材质，因此可直接拖动"电视柜"材质球复制给下一个空白材质球，激活"重命名该材质"并将名称命名为"边桌"，单击"漫反射"右侧的贴图按钮更换漫反射贴图，贴图文件为本书配套资源中的"木纹 2.jpg"文件，其他设置同电视柜木纹设置一致，如图 9-39 所示。

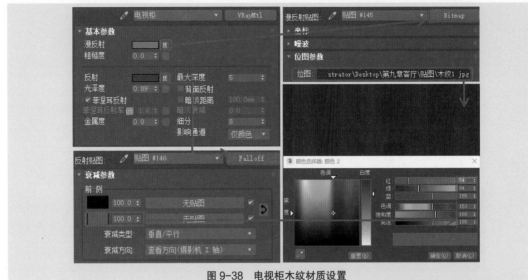

图 9-38　电视柜木纹材质设置

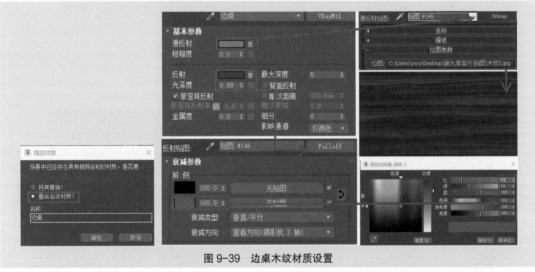

图 9-39　边桌木纹材质设置

（3）设置茶几材质。茶几木纹部分与电视柜使用同一个材质球，其底座黑色金属部分与沙发底座金属材质一致。

9.4.5　设置窗帘材质

（1）设置白色纱窗材质。选择一个空白材质球，将其设置为"VRayMtl"材质，并命名为"白色纱窗"，单击"漫反射"右侧的色块，将漫反射颜色设置为白色，并添加"Falloff"贴图，设置"前:侧"颜色分别为白色和灰色，纱窗是有折射属性的，进入"折射"通道添加"Falloff"，如图 9-40所示。

（2）设置遮光窗帘材质。直接将布艺沙发材质球拖动到一个空白材质球上并命名为"遮光窗帘"，赋予"漫反射""窗帘"贴图并将"折射"材质属性删除，图 9-41 所示为遮光窗帘材质参数设置。

图 9-40 白色纱窗材质设置　　　　　　图 9-41 遮光窗帘材质设置

9.4.6 设置台灯材质

灯座为陶瓷材质，直接选择一个空白材质球，将其设置为"VRayMtl"材质，并命名为"陶瓷"，将"漫反射"颜色设置为白色，"反射"颜色可调为灰色，"光泽度"设置为0.95，如图9-42所示。灯罩为布艺材质，直接拖曳复制布艺沙发材质球并更改"漫反射"贴图。

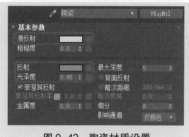

图 9-42 陶瓷材质设置

9.4.7 设置挂画材质

画框材质为深色木，将其直接赋给画框。挂画材质设置则直接选择一个空白材质球命名为"挂画"，并在"漫反射"上添加一张位图。

9.4.8 设置吊灯材质

选择一个空白材质球，将其设置为"VRayMtl"材质，并命名为"吊灯"，"漫反射"中设置的颜色与"反射"中设置的选择度如图9-43所示。

图 9-43 吊灯材质设置

9.4.9 设置室外日景材质

在室外窗户外用"弧"命令绘制一个圆弧，"挤出"高度为5000mm，选择一个空白材质球并命名为"室外日景"，选择"VRay灯光材质"命令，赋予其一个自发光灯光材质，选择"无贴图"命令，增加一张城市日景位图，保持默认"倍增"为1，测试渲染后再调整，如图9-44所示。选择"修改"命令面板 ，选择"UVW贴图"修改器，展开"UVW贴图"卷展栏，选择"Gizmo"选项，在下方"参数"卷展栏中激活"长方体"，根据画面调整长度、宽度和高度。

图 9-44　室外日景材质设置

　　至此，场景的灯光测试和材质设置都已经完成，下面将对场景进行最终渲染设置。最终渲染设置将决定图像的最终渲染品质。

9.5　最终渲染设置

9.5.1　最终测试灯光效果

　　灯光参数核查。将场景中的室内"VRay 灯光"都检查一遍，确定已勾选"不可见"复选框，"不可见"复选框位于"选项"卷展栏下方，如图 9-45 所示。

　　材质设置完毕后需要对场景进行渲染，测试渲染效果如图 9-46 所示。

图 9-45　灯光参数核查　　　　　　　　　　　　图 9-46　测试渲染效果

9.5.2　设置保存发光贴图和灯光缓存的渲染参数

　　在"渲染设置"窗口中进行以下设置。

　　（1）在"V-Ray"选项卡的"全局开关"卷展栏中勾选"不渲染最终的图像"复选框，如图 9-47 所示。

　　（2）在"V-Ray"选项卡的"发光贴图"卷展栏中进行参数设置，如图 9-48 所示。

　　（3）在"V-Ray"选项卡的"灯光缓存"卷展栏中进行参数设置，如图 9-49 所示。

　　（4）在"公用"选项卡中设置参数，光子图宽度与高度分别是最终成图宽度与高度的三分之一，如图 9-50 所示。

微课

最终渲染设置

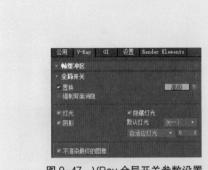

图 9-47　VRay 全局开关参数设置

图 9-48　VRay 发光贴图参数设置

图 9-49　VRay 灯光缓存及光子图参数设置

图 9-50　渲染光子图尺寸参数设置

由于勾选了"不渲染最终的图像"复选框，因此系统并没有渲染最终的图像，渲染完毕后，发光贴图和灯光贴图自动保存到指定路径，并在下次渲染时自动调用。

9.5.3　最终渲染成图设置

最终渲染成图的参数设置如下。

（1）当发光贴图和灯光贴图计算完毕后，在"渲染设置"窗口的"公用"选项卡中设置最终渲染图像的输出尺寸，如图 9-51 所示。

（2）在"V-Ray"选项卡的"全局开关"卷展栏中取消勾选"不渲染最终的图像"复选框，如图 9-52 所示。

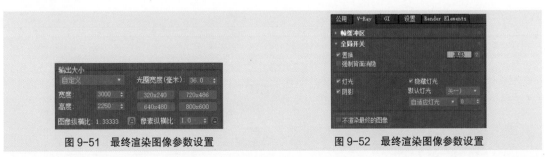

图 9-51　最终渲染图像参数设置　　　　图 9-52　最终渲染图像参数设置

（3）出图参数设置完成之后，打开"渲染设置"窗口，在"预设"下拉列表框中选择"加载预设"

选项，在打开的"选择预设类别"对话框中单击"加载"按钮，将刚刚设置好的出图参数进行加载，如图 9-53 所示，这一步主要为了之后多次渲染不需要重新设置参数。

最终成图渲染效果如图 9-54 所示。

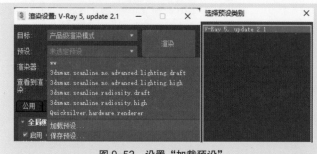

图 9-53 设置"加载预设"

图 9-54 最终渲染效果

（4）渲染彩色通道图。将所有灯光删除，重新另存为一个模型并命名为"彩色通道图"，选择"脚本"/"运行脚本"/"材质通道"命令，脚本会显示出同一摄影机角度的彩色图，然后按 F10 键，在打开的"渲染设置"窗口中的"渲染器"下拉列表框中选择"扫描线渲染器"选项并进行渲染，最终得出一张与大图大小及渲染角度一致的彩色通道图，如图 9-55 所示。

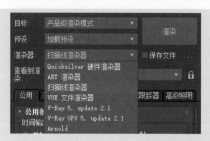

图 9-55 彩色通道图

9.6 效果图后期处理

（1）双击打开 Adobe Photoshop CS6，选择"文件"/"打开"命令，打开渲染大图和彩色通道图，或者直接将图片拖曳到 Photoshop 中打开，Photoshop 中的"图层"面板如图 9-56 所示。双击"背景图"图层进行解锁，如图 9-57 所示，解锁之后单击鼠标右键复制"背景图"图层，如图 9-58 所示，将"背景图"图层和"彩色通道图"图层关闭，如图 9-59 所示。

微课

效果图后期处理

图 9-56 导入图层　　　　　　　　图 9-57 解锁"背景图"

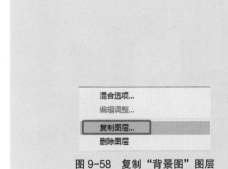

图 9-58 复制"背景图"图层 　　图 9-59 关闭"背景图"和"彩色通道图"图层

（2）将"背景图 副本"图层再进行一次复制，将"背景图 副本 2"图层的图层混合模式改成"正片叠底"，并将"不透明度"调整为 30%，如图 9-60 所示。按 Ctrl 键选择两个背景图副本图层，单击鼠标右键，选择"合并图层"命令合并背景图层，如图 9-61 所示，调整后的效果如图 9-62 所示。

图 9-60 调整图层混合模式及 　　图 9-61 合并背景图层 　　图 9-62 调整后的效果
不透明度

（3）从画面中可看出画面光感较平均，室外天光照入室内的光感不够，因此单击"图层"面板下方的"创建新的填充或调整图层"按钮，选择"亮度 / 对比度"命令，给画面增加"亮度 / 对比度"调整图层单独调整画面的亮部，如图 9-63 所示，调整后的效果如图 9-64 所示。

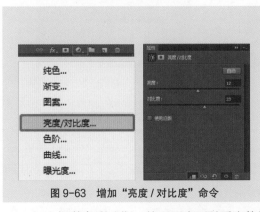

图 9-63 增加"亮度 / 对比度"命令 　　图 9-64 调整后的效果

（4）调整色彩平衡。从画面中可以看出整体色彩偏黄，单击"图层"面板下方的"创建新的填充或调整图层"按钮，选择"色彩平衡"命令，调整的原则是增加画面中的环境色"紫色"，将环境色融入画面中使其中和掉黄色，具体参数如图 9-65 所示，调整后的效果如图 9-66 所示。

图 9-65　调整色彩平衡参数设置　　　　　图 9-66　调整后效果

（5）调整画面中心效果。从效果图可以看出画面中心不够突出，需要进行调整。首先按组合键 Ctrl+Shift+Alt+E 合并图层并将新图层命名为"合并效果图"；然后选择"椭圆选框工具" （或按组合键 Shift+M），在工具属性栏中设置"羽化"为 40 像素，如图 9-67 所示，在效果图画面中心区域绘制椭圆选框，如图 9-68 所示；再按组合键 Ctrl+J 将选区创建为图层并命名为"框选中间部分"，将该图层的图层混合模式设置为"滤色"，将"不透明度"设置为 20%，如图 9-69 所示。

图 9-67　设置"羽化"

图 9-68　绘制椭圆选框　　　　　　　　图 9-69　设置"框选中间部分"图层

（6）调整地面效果和坐墩效果。从画面中可将看出地面地砖太亮，需要进行调整。首先按组合键 Ctrl+Shift+Alt+E 合并图层并将新图层命名为"合并效果图 2"；然后将"彩色通道图"图层拖曳至最上方，使用"魔棒工具" 选择地面区域，关闭"彩色通道图"图层，选择"合并效果图 2"图层，按组合键 Ctrl+J 将选区创建为图层并命名为"地砖地面"，如图 9-70 所示；再将"地砖地面"图层的图层混合模式设置为"正片叠底"，将"不透明度"设置为 30%，效果如图 9-71 所示。

从画面中发现坐墩暗部程度不够，需要进行调整。选择"矩形选框工具" ，在工具属性栏中设置"羽化"为 30 像素，在效果图坐墩下部区域绘制矩形选框，按组合键 Ctrl+J 将选区创建为图层并命名为"坐墩"。将该图层的图层混合模式设置为"正片叠底"，将"不透明度"设置为

60%，如图 9-72 所示，效果如图 9-73 所示。

图 9-70　将选区创建为图层并命名为"地砖地面"

图 9-71　调整地面效果

图 9-72　设置"坐墩"图层

图 9-73　调整坐墩效果

　　按组合键 Ctrl+Shift+Alt+E 合并图层并将新图层命名为"合并效果图 3"，完成效果图的调整，将文件存储为 PSD 格式，并存储 TIF、PNG、JPG 格式图片，最终效果如图 9-74 所示。

图 9-74　最终效果

项目小结

（1）分析场景中的光源构成，进行 VRay 灯光的创建，并调整画面的明暗关系和冷暖关系。

（2）分析场景中的材质构成，进行材质主次分析、色彩构成分析，并运用材质编辑器进行材质属性的调整。

（3）理解测试渲染与最终渲染的区别，能熟练掌握测试渲染、光子渲染、最终渲染的参数选项设置。

拓展实训

参照本书配套资源中的拓展实训文件，打开渲染文件里面的"3D 源文件"模型文件，参照"效果文件"模型，设置渲染参数，分别创建场景中的灯光与材质，最终完成图 9-75 所示的效果图。

图 9-75　拓展实训效果图

项目 10

10

办公大堂空间效果图表现

本项目以通过 3ds Max 建模得到的办公大堂三维模型为对象，通过对场景模型的材质属性分析和灯光构成分析，运用 VRay for 3ds Max 进行材质调整、灯光设置和渲染成图，最终完成办公大堂空间效果图的制作。

课堂学习目标

1. 掌握办公大堂空间效果图绘制的制作流程及要点
2. 掌握办公大堂空间效果图的灯光构成及灯光设置方法
3. 掌握办公大堂空间效果图的常见材质的构成及设置方法
4. 掌握测试渲染和最终渲染的参数设定方法

10.1 办公大堂场景简介

本项目演示案例运用 3ds Max 结合 VRay 渲染器和 Photoshop 进行。

案例展现的是办公大堂空间效果图的绘制过程。空间设计方案以实用、安全为原则，整体空间效果灵动、清透、时尚、大气，还表现出一种力度感和效率感。直线块体天花板拓展人的视觉空间，冷暖灯光的协调塑造出空间的立体感。本场景模拟的是上午的光线，透过玻璃可以看到室外的蓝天、白云，室内光线非常充足，效果如图 10-1 所示。

图 10-1 办公大堂最终渲染效果

10.2 测试渲染设置

打开配套资源中"办公大堂空间源文件 .max"场景文件，可以看到这是一个已经创建好的办公大堂场景，并且场景中的摄影机已经创建好了。

下面进行测试渲染参数设置，步骤如下。

（1）按 F10 键打开"渲染设置"窗口，单击"产品级"右侧的▓▓按钮，在打开的"选择渲染器"对话框中选择安装好的"V-Ray Next,update3.1"渲染器，如图 10-2 所示。

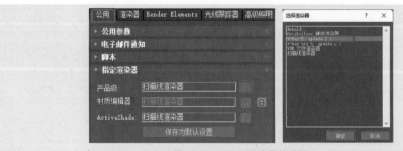

图 10-2 VRay 渲染器的选择

（2）在"公用"选项卡的"输出大小"选项组中设置图像尺寸，勾选"渲染帧窗口"复选框，如图10-3所示。

图10-3　"公用"参数设置

（3）切换为"V-Ray"选项卡，在"帧缓冲区"卷展栏中取消勾选"启用内置帧缓冲区"复选框，如图10-4所示。

（4）展开"全局开关"卷展栏，按住鼠标左键将"默认"模式调为"专家"模式，勾选"覆盖材质"复选框并单击旁边按钮加载"VRayMtl"材质球，按M键打开材质编辑器拖曳一个空白的默认材质球替换"覆盖材质"选项后面的"VRayMtl"材质球，激活"实例"，单击"确定"按钮，如图10-5所示。这部分操作主要用来渲染白模设置。

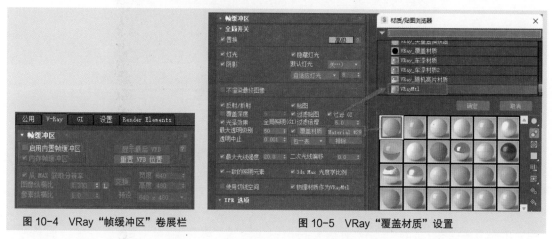

图10-4　VRay"帧缓冲区"卷展栏　　　　图10-5　VRay"覆盖材质"设置

展开"图像过滤器"卷展栏，在"过滤器"下拉列表框中选择"Catmull-Rom"选项，如图10-6所示。

（5）在"全局照明"卷展栏中勾选"启用全局照明（GI）"复选框，设置"首次引擎"为"发光贴图"，设置"二次引擎"为"灯光缓存"，如图10-7所示。

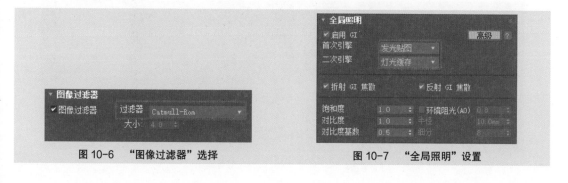

图10-6　"图像过滤器"选择　　　　　　图10-7　"全局照明"设置

（6）在"发光贴图"卷展栏中的"当前预设"下拉列表框中选择"中"选项，在"灯光缓存"卷展栏中设置"预设"为"静帧"，如图 10-8 所示。

图 10-8　"发光贴图"设置

（7）其他卷展栏保持默认设置。

（8）设置好参数后在"渲染设置"窗口中的"预设"下拉列表框中选择"保存预设"选项，在打开的"选择预设类别"对话框中进行保存，如图 10-9 所示，下次需要用的时候再加载预设，这样可以节省设置时间。

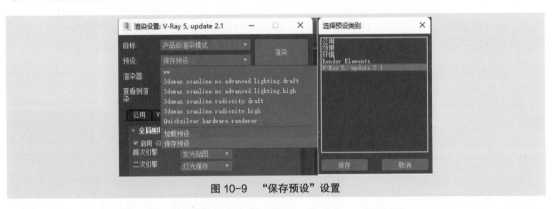

图 10-9　"保存预设"设置

10.3 布置场景灯光

该办公大堂场景的光线来自室外的太阳光和室内的人工照明，下面使用"VRay 灯光"中的"球体"光模拟室外的太阳光，使用 VRay 灯光模拟人工照明。

微课

布置场景灯光

（1）在"创建"命令面板➕上选择"灯光"命令面板💡，在下拉列表框中选择"VRay"，在"对象类型"卷展栏中选择"VRay 灯光"命令，在"常规"卷展栏的"类型"下拉列表框中选择"球体"选项，效果与参数如图 10-10、图 10-11 所示。

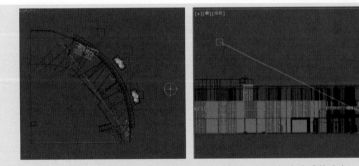

图 10-10　创建 VRay 灯光（球体光）

（2）将建筑外立面墙上的"玻璃"隐藏，并对摄影机视图进行测试渲染，效果如图 10-12 所示。

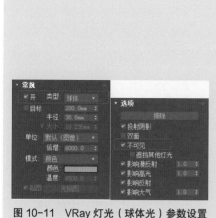

图 10-11　VRay 灯光（球体光）参数设置

图 10-12　测试渲染效果

（3）为了让室内的光线更加均匀，需围绕着建筑外墙布置一排平面光光源。在"创建"命令面板➕上选择"灯光"命令面板💡，在下拉列表框中选择"VRay"，在"对象类型"卷展栏中选择"VRay 灯光"灯光命令，在前视图中沿建筑外墙处绘制平面光光源，在顶视图中旋转调整平面光的位置，如图 10-13 所示。

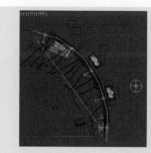

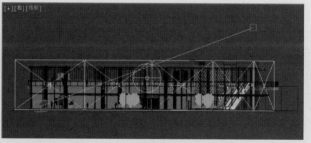

图 10-13　创建 VRay 灯光（平面光）标准光源

（4）对 VRay 灯光进行参数设置，如图 10-14 所示。

（5）对摄影机视图进行测试渲染，效果如图 10-15 所示。

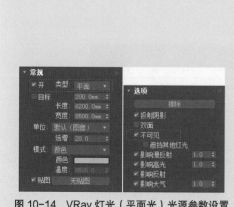

图 10-14　VRay 灯光（平面光）光源参数设置

图 10-15　测试渲染效果

（6）此时空间整体光感已经起来了，现在开始由外至内布置局部照明。从建筑入口处开始布灯，选择"创建"命令面板 ✚，选择"灯光"命令面板 💡，在下拉列表框中选择"VRay"，在"对象类型"卷展栏选择"VRay 灯光"命令，在"常规"卷展栏的"类型"下拉列表框中选择"平面"，回到顶视图，在建筑入口外檐处根据其造型绘制平面灯，再回到前视图调整高度，注意平面灯高度应不高于建筑外檐，如图 10-16、图 10-17 所示。

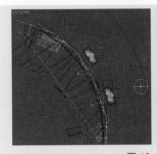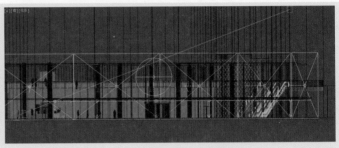

图 10-16　创建建筑外檐的 VRay 灯光（平面光）光源

（7）进行渲染测试，效果如图 10-18 所示。

图 10-17　建筑外檐 VRay 灯光（平面光）参数设置　　　图 10-18　测试渲染效果

（8）从上面的测试渲染图可以看出电梯通道处的光线偏暗，因此需布置一盏平面灯。选择"创建"命令面板 ✚，选择"灯光"命令面板 💡，在下拉列表框中选择"VRay"，在"对象类型"卷展栏选择"VRay 灯光"命令，在"常规"卷展栏的"类型"下拉列表框中选择"平面"，在顶视图中绘制灯的大小，再在前视图中调整其高度值，如图 10-19 所示。

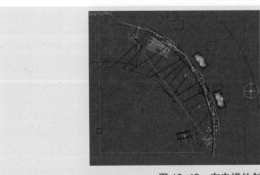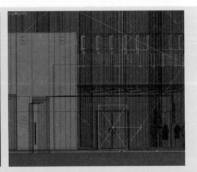

图 10-19　在电梯处创建 VRay 灯光（平面光）

（9）对平面灯进行参数设置，并进行测试渲染，参数设置如图 10-20 所示，测试渲染效果如图 10-21 所示。

图 10-20　电梯处 VRay 灯光（平面光）参数设置　　　　　　　图 10-21　测试渲染效果

（10）下面为场景布置暗藏灯光。选择"创建"命令面板╋，选择"灯光"命令面板💡，在下拉列表框中选择"VRay"，在"对象类型"的卷展栏中选择"VRay 灯光"命令，在二层吊顶藏灯位创建一个 VRay 灯光，其宽度不宜大于藏灯位，其他两边关联过去即可，此处应避免两盏平面灯的两端相交，否则会产生阴影，暗藏的灯光可偏暖色一些，以凸显出空间的温馨感，如图 10-22 所示。

图 10-22　创建 VRay 灯光（平面光）

（11）对暗藏灯光进行参数设置，并进行测试渲染，参数设置如图 10-23 所示，测试渲染效果如图 10-24 所示。

图 10-23　VRay 灯光（平面光）参数设置　　　　　　　图 10-24　测试渲染效果

（12）现在整个空间的灯光分布稍显平均，为了打破这种平板感需要加强前面对象的光感，对花盆和沙发组进行调整。选择"创建"命令面板，选择"灯光"命令面板，在下拉列表框中选择"光度学"，在"对象类型"的卷展栏中选择"目标灯光"命令，在"灯光分布（类型）"下拉列表框中选择"光度学 Web"，在前视图或左视图筒灯的位置下从上往下拉出目标灯光的距离，在顶视图中核对目标灯光的位置是否正确，回到"修改"命令面板中调整高度，如图 10-25 所示。

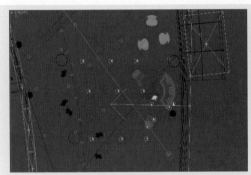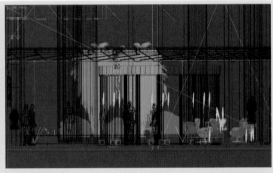

图 10-25　创建目标灯光

（13）对目标灯光进行参数设置，并进行测试渲染，参数设置如图 10-26 所示，测试渲染效果如图 10-27 所示。

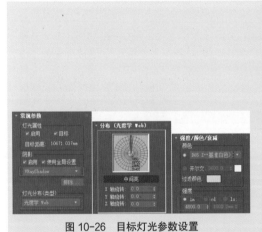

图 10-26　目标灯光参数设置　　　　　　图 10-27　测试渲染效果

上面分别对灯光进行了测试，测试完灯光效果后，下面进行材质设置。

10.4　设置场景材质

10.4.1　设置主体材质

（1）设置建筑外立面的支撑钢材材质。按 M 键打开材质编辑器，选择一个空白材质球，将其设置为"VRayMtl"材质，并命名为"烤漆钢材"，将"漫反射"颜色设置为白色，调整其"反射"的"高光光泽度"和"反射光泽度"，参数如图 10-28 所示。

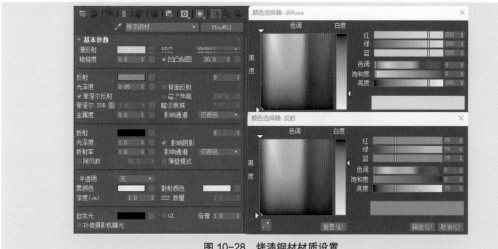

图 10-28　烤漆钢材材质设置

（2）设置天花和柱子材质。按 M 键打开材质编辑器，选择一个空白材质球，将其设置为 "VRayMtl" 材质，并命名为 "白色乳漆胶"，单击 "漫反射" 右侧的贴图按钮，为其添加一个输出贴图，并将 "漫反射" 的颜色设置为白色，参数如图 10-29 所示。

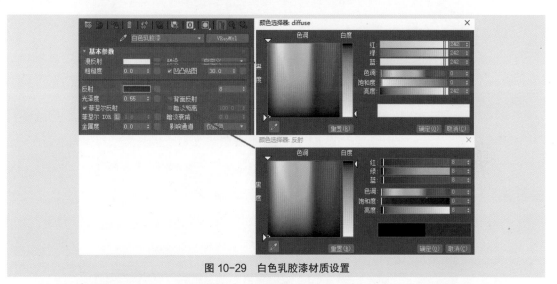

图 10-29　白色乳胶漆材质设置

（3）设置波纹墙体材质。按 M 键打开材质编辑器，选择一个空白材质球，将其设置为 "VRayMtl" 材质，并命名为 "波纹墙体"，参数如图 10-30 所示。

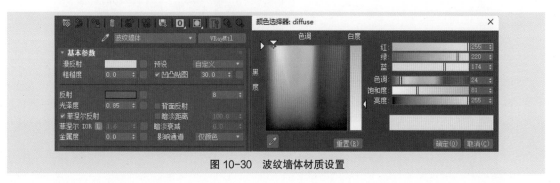

图 10-30　波纹墙体材质设置

（4）设置地面材质。按 M 键打开材质编辑器，选择一个空白材质球，将其设置为"VRayMtl"材质，并命名为"地面"，单击"漫反射"右侧的贴图按钮，为其添加一个"VRay 位图"贴图，贴图文件为本书配套资源中的"地面石材 1.jpg"文件，参数如图 10-31 所示。

图 10-31　地面材质设置

（5）设置玻璃材质。按 M 键打开材质编辑器，选择一个空白材质球，将其设置为"VRayMtl"材质，并命名为"玻璃"，单击"漫反射"色块设置玻璃的颜色，参数如图 10-32 所示。

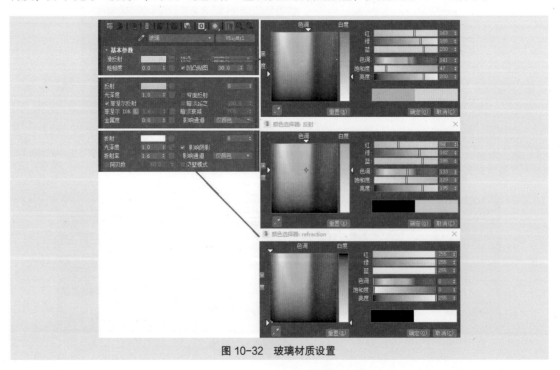

图 10-32　玻璃材质设置

10.4.2 设置布艺材质

（1）设置弧形沙发材质。按 M 键打开材质编辑器，选择一个空白材质球，将其设置为"VRayMtl"材质，并命名为"弧形沙发"，单击"漫反射"右侧的贴图按钮，为其添加一个"衰减"贴图，并将材质指定给弧形沙发，如图 10-33 所示。

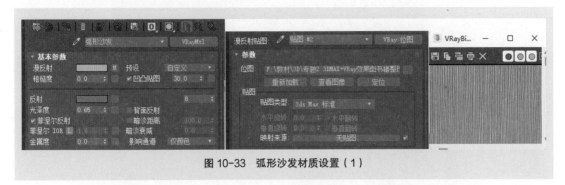

图 10-33　弧形沙发材质设置（1）

（2）返回 VRayMtl 材质层级，单击"贴图"下方的"凹凸"通道按钮，为其添加一个"VRay 位图"贴图，参数如图 10-34 所示。

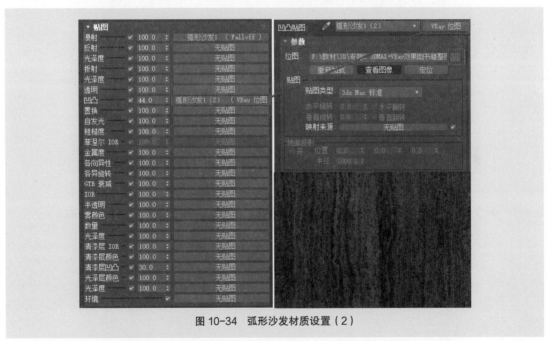

图 10-34　弧形沙发材质设置（2）

（3）设置单体沙发材质。按 M 键打开材质编辑器对话框，选择一个空白材质球，将其设置为"VRayMtl"材质，并命名为"单体沙发"，单击"漫反射"右侧的贴图按钮，为其添加一个"Falloff"贴图，将材质指定给单体沙发，参数如图 10-35 所示。

（4）返回 VRayMtl 材质"反射"层级，单击"反射"右侧的贴图按钮调整反射程度，并调整"高光光泽度"和"反射光泽度"，参数如图 10-36 所示。

（5）返回 VRayMtl 材质层级，单击"贴图"下方的"凹凸"通道按钮，为其添加一个"VRay 位图"贴图，参数如图 10-37 所示。

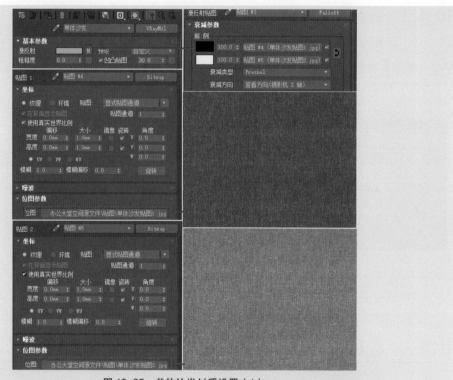

图 10-35　单体沙发材质设置（1）

图 10-36　单体沙发材质设置（2）

图 10-37　单体沙发材质设置（3）

10.4.3　设置皮革材质

（1）设置白色皮革沙发材质。按 M 键打开材质编辑器，选择一个空白材质球，将其设置为"VRayMtl"材质，并命名为"白色皮革沙发"，单击"漫反射"右侧的贴图按钮，将材质指定给相应沙发，参数如图 10-38 所示。

（2）设置白色沙发脚材质。按 M 键打开材质编辑器，选择一个空白材质球，将其设置为"VRayMtl"材质，并将材质命名为"沙钢"，单击"漫反射"色块为其赋予灰色，调整"反射"参数，参数如图 10-39 所示。

图 10-38　白色皮革沙发材质设置　　　　图 10-39　白色沙发脚材质设置

10.4.4　设置茶几材质

（1）设置镀锌白色茶几材质。按 M 键打开材质编辑器，选择一个空白材质球，将其设置为"VRayMtl"材质，并命名为"白漆"，参数如图 10-40 所示。

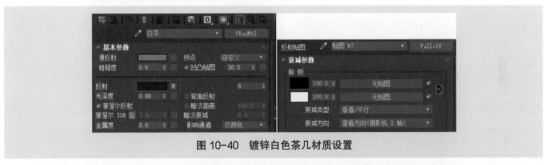

图 10-40　镀锌白色茶几材质设置

（2）设置天花板的白色发光板材质。按 M 键打开材质编辑器，选择一个空白材质球，将其设置为"VRay_灯光材质"材质，并命名为"发光板"，调整"颜色"为白色，参数如图 10-41 所示。

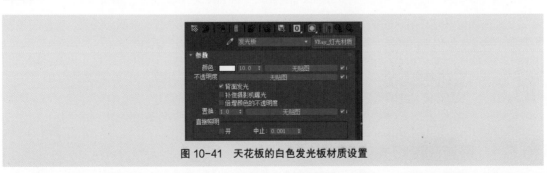

图 10-41　天花板的白色发光板材质设置

（3）设置可渲染线性柱材质。按 M 键打开材质编辑器，选择一个空白材质球，将其设置为

"VRayMtl"材质，并命名为"可渲染线性柱"，在"漫反射"通道中添加"VRay 边纹理"贴图，参数如图 10-42 所示。

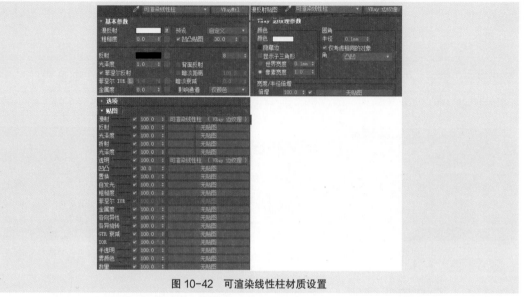

图 10-42　可渲染线性柱材质设置

（4）设置室外背景天空材质。按 M 键打开材质编辑器，选择一个空白材质球，将其设置为"VRay_ 灯光材质"材质，并命名为 "室外背景图"，在"无"通道中添加所需的背景图片，参数如图 10-43 所示。

图 10-43　室外背景天空材质设置

至此，场景的灯光测试和材质设置都已经完成，下面将对场景进行最终渲染设置。最终渲染设置将决定图像的最终渲染品质。

10.5　最终渲染设置

10.5.1　最终测试灯光效果

场景中材质设置完毕后需要对场景进行渲染，测试渲染效果如图 10-44 所示。

微课

最终渲染设置

图 10-44 测试渲染效果

观察渲染效果，可知场景光线不需要再调整，接下来设置最终渲染参数。

10.5.2 设置光子图参数

为了让渲染速度更快，在渲染大图之前需输出光子图，下面讲解光子图输出的参数设置。

（1）在"公用"选项卡中设置参数，输出大小时不需要设置得太大，不超过渲染大图尺寸的三分之一，如图 10-45 所示。

（2）在"V-Ray"选项卡的"全局开关"卷展栏中勾选"不渲染最终图像"复选框，如图 10-46 所示。

图 10-45 输出大小设置

图 10-46 VRay 全局开关参数设置

（3）展开"图像采样器（抗锯齿）"卷展栏，参数设置如图 10-47 所示。

（4）展开"图像过滤器"卷展栏，参数设置如图 10-48 所示。

图 10-47 VRay 图像采样器（抗锯齿）参数设置

图 10-48 VRay 图像过滤器参数设置

（5）展开"渐进式图像采样器"卷展栏，参数设置如图 10-49 所示。

图 10-49 渐进式图像采样器参数设置

（6）展开"发光贴图"卷展栏，参数设置如图 10-50 所示。

（7）展开"灯光缓存"卷展栏，参数设置如图 10-51 所示。

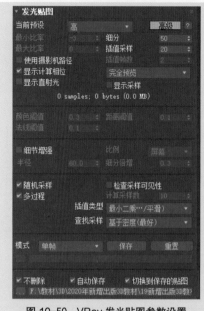

图 10-50　VRay 发光贴图参数设置

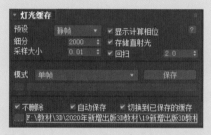

图 10-51　VRay 灯光缓存及光子图参数设置

由于勾选了"不渲染最终的图像"复选框，因此系统并没有渲染最终的图像。渲染完毕发光贴图和灯光贴图会自动保存到指定路径，并在下次渲染时自动调用。

10.5.3　最终渲染成图设置

最终渲染成图的参数设置如下。

（1）当发光贴图和灯光贴图计算完毕后，在"渲染设置"窗口的"公用"选项卡中设置最终渲染图像的输出尺寸，如图 10-52 所示。

（2）在"V-Ray"选项卡的"全局开关"卷展栏中取消勾选"不渲染最终图像"复选框，如图 10-53 所示。

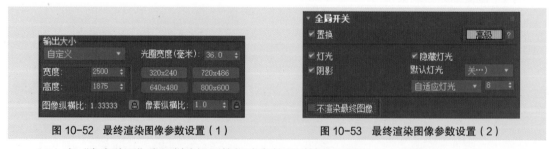

图 10-52　最终渲染图像参数设置（1）　　　　图 10-53　最终渲染图像参数设置（2）

（3）在"发光贴图"卷展栏中设置抗锯齿参数和过滤器，如图 10-54 所示。

（4）在"灯光缓存"卷展栏中设置细分值，如图 10-55 所示。

（5）分别在"发光贴图"卷展栏和"灯光缓存"卷展栏的光子图使用"模式"中选择之前渲染的光子贴图。

最终成品渲染效果如图 10-56 所示。

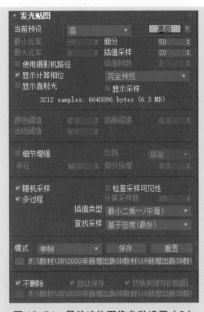

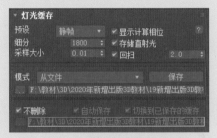

图 10-54　最终渲染图像参数设置（3）　　　图 10-55　终渲染图像参数设置（4）

（6）将所有灯光隐藏，选择"脚本"/"运行脚本"/"材质通道"命令，脚本会显示出同一摄影机角度的彩色图，按 F10 键，在打开的"渲染设置"窗口中的"渲染器"下拉列表框中选择"扫描线渲染器"选项并进行渲染，最终得出一张与大图大小及渲染角度一致的彩色通道图，如图 10-57 所示。

图 10-56　最终渲染效果

图 10-57　彩色通道图

10.6　效果图后期处理

（1）双击打开 Adobe Photoshop CS6，选择"文件"/"打开"命令，打开渲染大图和彩色通道图，或者直接将图片拖曳至 Photoshop 中打开，导入后 Photoshop 中的"图层"面板如图 10-58 所示。双击"背景图"图层进行"解锁"，解锁之后单击鼠标右键复制备份两个"背景图"图层，再将"背景图"图层和"彩色通道图"图层关闭，如图 10-59 所示。

微课

效果图后期处理

图 10-58 导入图层

图 10-59 复制并关闭"背景图"图层

（2）加强原始画面效果。将"背景图 副本 2"图层的图层混合模式改成"颜色加深"并将"不透明度"调整为 20%，如图 10-60 所示。按住 Ctrl 键选择两个背景图副件图层并单击鼠标右键选择"合并图层"命令合并图层，效果如图 10-61 所示。

图 10-60 调整图层混合模式及不透明度

图 10-61 调整后的效果

（3）调整室外天空饱和度。从画面中可看出整体效果还可以，但室外天空场景过于突兀，因此需要降低此部分的饱和度。显示"彩色通道图"图层，如图 10-62 所示，用"魔棒工具"  在窗户区域创建选区，如图 10-63 图所示。

图 10-62 显示"彩色通道图"图层

图 10-63 选区室外场景区域

（4）室外天空选区建立之后当前图层切换为"背景图 副本"图层，按组合键 Ctrl+J 将选区创建为新图层并命名为"室外天空"，将"彩色通道图"图层关闭，如图 10-64 所示，调整"室外天空"图层的"亮度 / 对比度"，如图 10-65 所示，将天空的明度降低一点，让天空在视觉效果上显得更远，效果如图 10-66 所示。

图 10-64　建立新图层

图 10-65　调整"亮度／对比度"

（5）调整画面人物模型。发现画面中人的模型太过生硬，通过"彩色通道图"图层选取人物模型，选择"背景图 副本"图层，按组合键 Ctrl+J 将选区创建为图层并命名为"人"，将"彩色通道图"图层关闭。选择"人"图层，按住组合键 Ctrl+Alt 拖曳对图层的选区进行选取，再填充为白色，效果如图 10-67 所示。

图 10-66　调整后天空效果

图 10-67　调整后的效果

（6）调整二层玻璃。通过"彩色通道图"图层将二层玻璃选取，选择"背景图 副本"图层，按组合键 Ctrl+J 将选区创建为新图层并将其命名为"玻璃"，选择"色相／饱和度"命令让原本灰色的玻璃明度提高，如图 10-68 所示，选择"色彩平衡"命令，调整颜色使其偏淡蓝色和绿色，如图 10-69 所示，效果如图 10-70 所示。

图 10-68　调整色相／饱和度

图 10-69　调节色彩平衡

图 10-70　调整后的效果

（7）合成图层。当前图层回到最上面图层，按组合键 Ctrl+Shift+Alt+E 合并图层，如图 10-68 所示，按快捷键 C 调整构图。

（8）为了凸显画面重点区域，选择"矩形选框工具" 并设置"羽化"为 40 像素，绘制选区，按组合键 Ctrl+J 将选区创建为新图层，再调整新图层的图层混合模式为"叠加"，调整"不透明度"为 20%，如图 10-71 所示，叠加后效果如图 10-72 所示。

图 10-71　设置"叠加"图层混合模式　　　　　图 10-72　调整后的效果

（9）完成最终效果图的调整，将文件存储为 PSD 格式，并存储 TIF、PNG、JPG 格式的图片，最终效果如图 10-73 所示。

图 10-73　最终效果

项目小结

（1）学会分析办公大堂空间场景中光照环境，分析其光源构成及主次光源，依次使用 VRay 灯光进行模拟场景的主次光源，并根据画面调整空间的明暗关系和冷暖关系。

（2）学会分析办公大堂空间场景中的材质构成，对石材、布纹、皮革等常见材质色彩搭配及材质真实的材质属性进行分析，再通过材质编辑器设置材质属性并不断调整细节参数。

（3）了解渲染设置，了解测试渲染与最终渲染的区别，并熟练掌握测试渲染、光子渲染、最终渲染的参数选项设置及彩色通道图的出图设置。

（4）了解效果图后期处理，确保导入彩色通道图与渲染效果图大小尺寸一致。首先从整体分析渲染效果图并进行调整，再通过彩色通道图局部选取区域进行局部调整，最后再从整体出发调整最终效果图的整体效果。

拓展实训

参照本书配套资源项目 10 中的拓展实训文件，打开渲染文件里面的"3D 源文件"模型文件，参照"效果文件"模型，设置渲染参数，分别创建场景中的灯光与材质，最终完成图 10-74 所示的效果图。

图 10-74　拓展实训案例效果图

项目 11

现代风格酒店大堂空间效果图表现

11

本项目以通过 3ds Max 建模得到的现代风格酒店大堂三维模型为对象，通过对场景模型的材质属性分析和灯光构成分析，运用 VRay for 3ds Max 进行材质调整、灯光设定和渲染成图，最终完成现代风格酒店大堂空间效果图的制作。

课堂学习目标

1. 掌握现代风格酒店大堂空间效果图绘制的制作流程及要点
2. 掌握现代风格酒店大堂空间效果图的灯光构成及灯光设置方法
3. 掌握现代风格酒店大堂空间效果图的常见材质的构成及设置方法
4. 掌握测试渲染和最终渲染的参数设定方法

11.1 现代风格酒店大堂场景简介

本项目演示案例运用 3ds Max 结合 VRay 渲染器和 Photoshop 进行。

案例展现的是现代风格酒店大堂空间效果图，空间中采用具有现代简约风格的装饰元素，很容易让人感受到舒适、放松的气息。本场景模拟的是夜晚时分的光线，能清楚体现出室外城市建筑的灯光感，整个空间的主要光源为室内人工光源，整体光线很均衡，构图平稳，色彩搭配典雅、舒适，如图 11-1 所示。

图 11-1 现代风格酒店大堂最终渲染效果

11.2 测试渲染设置

打开配套资源中"现代简约风格酒店大堂源文件 .max"场景文件，可以看到这是一个已经创建好的酒店大堂场景，场景中已经创建好摄影机。

下面进行测试渲染参数设置并进行灯光设置。灯光设置包括室外夜光和室内人工光源的建立。

设置测试渲染参数（参考项目 10）时需注意，布置灯光之前应该先观察场景中靠近室外的玻璃并将其提前隐藏，渲染灯光是在白模状态下进行的，若不隐藏玻璃，那么室外灯光无法进入室内空间。

11.3 布置场景灯光

该酒店大堂场景的光线来自室外的夜景和室内人工照明。下面使用"VRay 灯光"模拟灯光效果。

11.3.1 绘制室外灯光

微课

布置场景灯光

（1）选择"创建"命令面板➕，选择"灯光"命令面板💡，在下拉列表框中选择"VRay"，在"对象类型"卷展栏中选择"VRay 灯光"命令，创建一个平面灯，如图 11-2 所示。

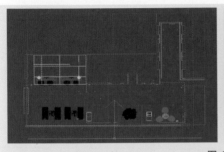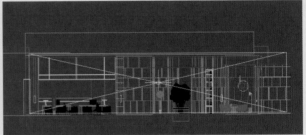

图 11-2　创建 VRayLight

（2）对目标平面灯进行参数设置，如图 11-3 所示。

（3）对摄影机视图进行测试渲染，效果如图 11-4 所示。

图 11-3　VRayLight 参数设置　　　　　　　　图 11-4　测试渲染效果

11.3.2 绘制室内前台处灯光

（1）绘制前台上透光面板处的灯光。选择"创建"命令面板➕，选择"灯光"命令面板💡，在下拉列表框中选择"VRay"，在"对象类型"卷展栏中选择"VRay 灯光"命令，在平面图中前台上方分别创建向下和向外的平面灯，效果图如图 11-5 所示。

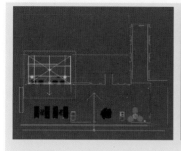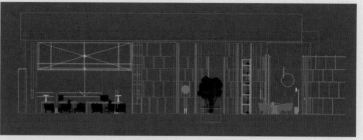

图 11-5　创建前台上方的 VRay 灯光

（2）对 VRay 灯光进行参数设置，如图 11-6 所示，测试渲染效果如图 11-7 所示。

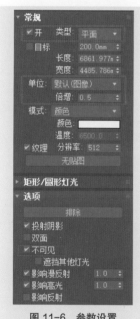

图 11-6　参数设置　　　　　　　　图 11-7　测试渲染效果

（3）绘制前台墙体柜灯。复制一个前台上透光面板处的 VRay 灯光，再使用"选择并移动"工具➕和"选择并均匀缩放"工具▦调整其位置及尺寸，如图 11-8 所示，灯光参数设置如图 11-9所示。

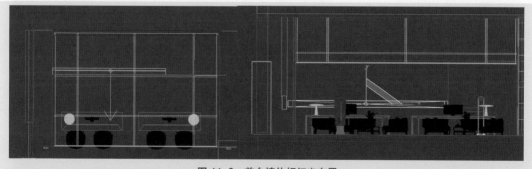

图 11-8　前台墙体柜灯光布置

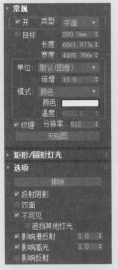

图 11-9　前台墙体柜灯参数设置

（4）绘制前台接待桌处的灯光。复制一个前面创建好的 VRay 灯光，再使用"选择并移动"工具 ✛ 和"选择并均匀缩放"工具 ▦ 调整其位置及灯光尺寸，如图 11-10 所示，灯光参数设置如图 11-11 所示。测试渲染效果如图 11-12 所示。

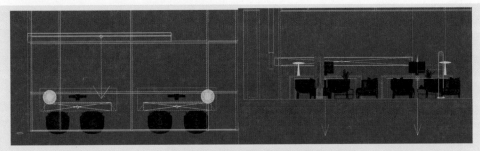

图 11-10　前台接待桌灯光布置

图 11-11　前台接待桌灯光参数设置

图 11-12　测试渲染效果

11.3.3 绘制室内天花板处灯光

室内天花板处的灯光选用 IES 灯光。找到"光度学"中的"自由灯光"，在顶视图筒灯位置处放置"自由灯光"，进入前视图调整灯的高度使其位于筒灯下方，如图 11-13 所示。选择"修改"命令面板，调整灯光参数，如图 11-14、图 11-15 所示，设置好一个灯光后再根据筒灯位置进行"实例"复制，并根据天花板高度调整灯光位置，如图 11-16 所示。测试渲染效果如图 11-17 所示。

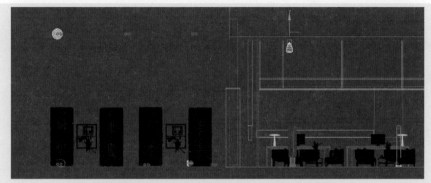

图 11-13 天花板"自由灯光"位置（1）

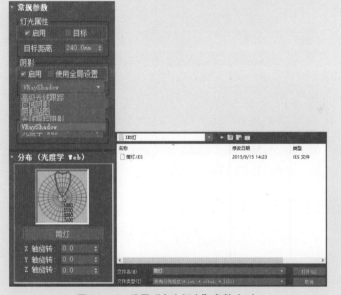

图 11-14 设置"自由灯光"参数（1）

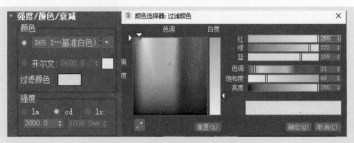

图 11-15 设置"自由灯光"参数（2）

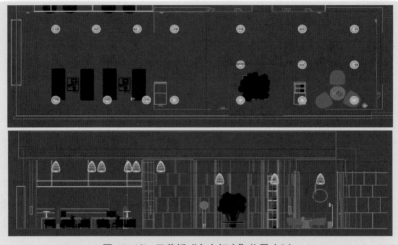

图 11-16　天花板"自由灯光"位置（2）

图 11-17　测试渲染效果

11.3.4　绘制补充灯光

（1）绘制接待区补充灯光。为突出效果图前景中的接待区域，需在接待区上方放置暗藏灯光。在透光板下方放置"自由灯光"，然后进入前视图调整灯的高度使其位于透光板下方，如图 11-18 所示，参数调整如图 11-19 所示。调整好一个灯光后对其进行"实例"复制，效果如图 11-20 所示，测试渲染效果如图 11-21 所示。

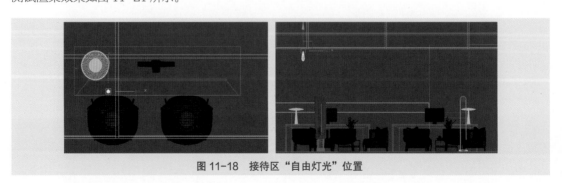

图 11-18　接待区"自由灯光"位置

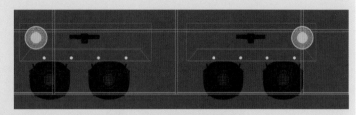

图 11-19 接待区"自由灯光"参数设置　　　图 11-20 实例"自由灯光"

图 11-21 测试渲染效果（1）

（2）绘制沙发休息区补充灯光。从画面中可以看出目前灯光构图侧重左侧接待台，使得右侧沙发区画面有点暗，为了让画面整体效果更加和谐，需要在沙发局部区域增加一些灯光以突出该区域。使用"目标灯光"对沙发抱枕区域进行单独给光，灯光放置位置如图 11-22 所示，灯光参数设置如图 11-23 所示，测试渲染效果如图 11-24 所示。

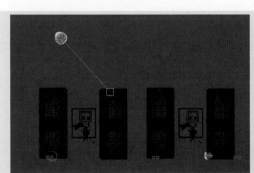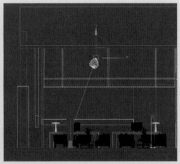

图 11-22 休息区"自由灯光"位置

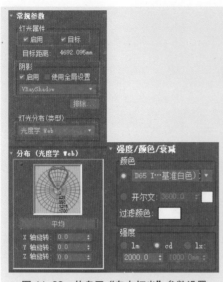

| 图 11-23 休息区"自由灯光"参数设置 | 图 11-24 测试渲染效果（2） |

（3）绘制其他辅助区灯光。现在需要进行通道等辅助区域的灯光设置，这些区域的灯光特点需体现出柔和且均匀的光感，因此，选用"VRayLight"就可以达到效果，效果如图 11-25 所示。

图 11-25 测试渲染效果（3）

上面分别对灯光进行了测试，测试完灯光效果，下面进行材质设置。

11.4 设置场景材质

设置场景材质之前按 F10 键打开"渲染设置"窗口，取消勾选"全局开关"卷展栏中的"覆盖材质"复选框。

11.4.1 设置地砖材质

按 M 键打开材质编辑器，选择一个空白材质球，将其设置为"VRayMtl"材质，并命名为"地砖"，如图 11-26 所示。单击"漫反射"右侧贴图按钮，为其添加一个"Bitmap"贴图，如图 11-27 所示。

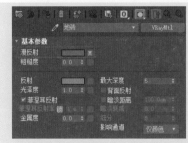

图 11-26 地砖材质设置（1）

图 11-27 地砖材质设置（2）

由于地砖材质具有一定的反射属性，将"反射"设置为灰色并调整反射程度，如图 11-28 所示。同时将前台接待台的材质赋予该材质即可。

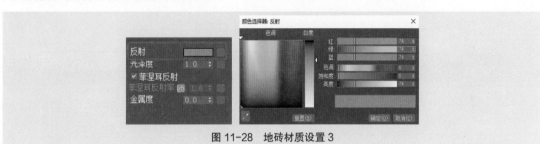

图 11-28 地砖材质设置 3

11.4.2 设置前台接待台材质

前台接待台是一个对象里面包含 3 种材质，因此选择一个"多维 / 子对象"材质球，并将其命名为"接待台"，设置"材质数量"为 3，如图 11-29 如下。

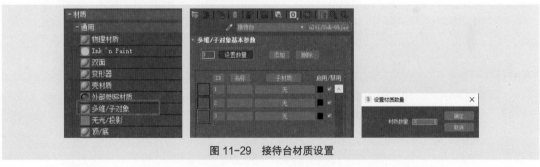

图 11-29 接待台材质设置

（1）设置接待台大理石材质。单击"ID 1"子材质的"无"按钮并选择"VRayMtl"材质球将其命名为"大理石"，单击"漫反射"右侧贴图按钮，为其添加一张"Bitmap"位图贴图，如图 11-30 所示，再单击"反射"后面的色块设置反射程度，如图 11-31 所示。

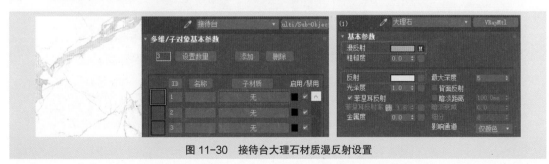

图 11-30 接待台大理石材质漫反射设置

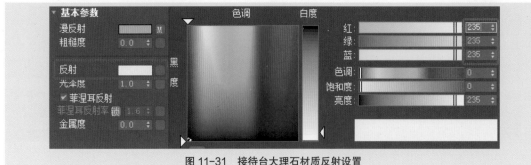

图 11-31　接待台大理石材质反射设置

（2）设置接待台咖色板材质。单击"ID 2"子材质的"无"按钮并选择"VRayMtl"材质球将其命名为"咖色板"，单击"漫反射"后面的色块，调整漫反射颜色，如图 11-32 所示，单击"反射"后面的色块设置反射程度并调整"光泽度"为 0.75，如图 11-33 所示。

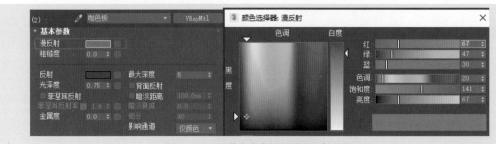

图 11-32　接待台咖色板材质漫反射设置

图 11-33　接待台咖色板材质反射设置

（3）设置接待台黑边缝材质。单击"ID 3"子材质的"无"按钮并选择"VRayMtl"材质球将其命名为"黑缝"，单击"漫反射"后面的色块，调整漫反射颜色，如图 11-34 所示，接待台 3 种子材质都设置完成。

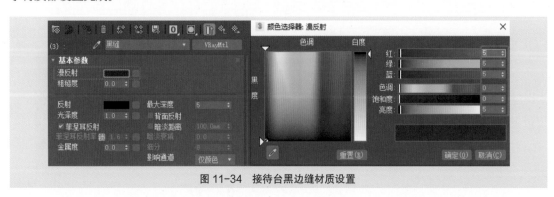

图 11-34　接待台黑边缝材质设置

11.4.3　设置前台天花板透光板材质

（1）设置透光面板材质。按 M 键打开材质编辑器，选择一个空白材质球，将其设置为"VRay 材质包裹器"，以避免场景溢色，如图 11-35 所示，将其命名为"透光板"。单击"漫反射"后面的色块，调整漫反射颜色，设置的漫反射参数如图 11-36 所示。

图 11-35　透光板材质包裹器设置

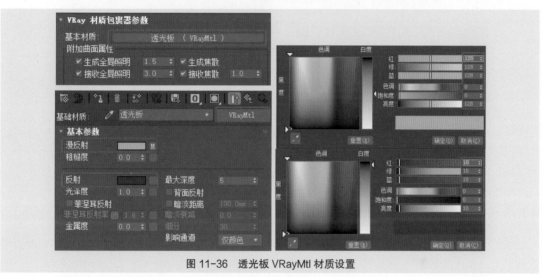

图 11-36　透光板 VRayMtl 材质设置

（2）设置透光面板框架材质。此框架材质可与接待台咖色板材质一致，详情见 11.4.2 节。

11.4.4　设置深色墙体造型板材质

（1）深色墙体造型板是一个对象里面包含两种材质，因此选择一个"多维 / 子对象"材质球，并将其命名为"深色墙体造型板"，设置"材质数量"为 2。

（2）设置深色墙体咖色板材质。单击"ID 1"子材质的"无"按钮并选择"VRayMtl"材质球将其命名为"咖色板"，单击"漫反射"后面的色块，调整漫反射颜色，如图 11-37 所示，单击"反射"后面的色块设置反射程度，并调整"光泽度"为 0.75，如图 11-38 所示。

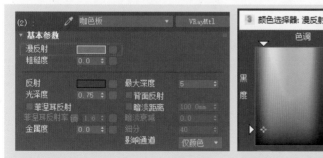
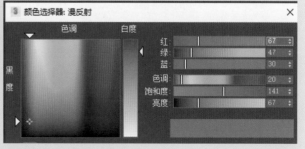

图 11-37　深色墙体咖色板材质漫反射设置

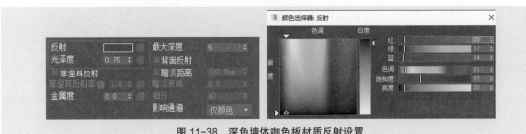

图 11-38　深色墙体咖色板材质反射设置

（3）设置深色墙体黑边缝材质，单击"ID 2"子材质的"无"按钮并选择"VRayMtl"材质球将其命名为"黑缝"，单击"漫反射"后面的色块，调整漫反射颜色，如图 11-39 所示，深色墙体造型板的两种子材质都设置完成。

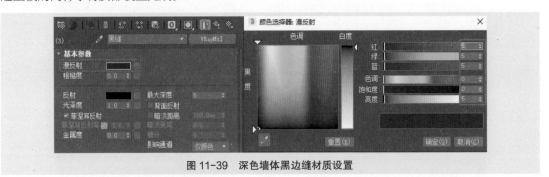

图 11-39　深色墙体黑边缝材质设置

11.4.5　设置浅色墙体砖材质

（1）按 M 键打开材质编辑器，选择一个空白材质球，将其设置为"VRayMtl"材质，并将材质命名为"浅色墙体砖"。单击"漫反射"右侧的贴图按钮，为其添加一个"Color Correction"贴图，如图 11-40 所示。

图 11-40　浅色墙体砖材质漫反射设置

（2）单击"反射"后的色块设置反射程度，如图 11-41 所示。

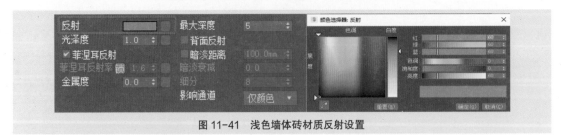

图 11-41　浅色墙体砖材质反射设置

11.4.6　设置天花板白色乳胶漆材质

按 M 键打开材质编辑器，选择一个空白材质球，将其设置为"VRayMtl"材质，单击"漫反射"后的色块，设置漫反射颜色为白色。

11.4.7 设置墙体玻璃加黑框材质

按 M 键打开材质编辑器，选择一个空白材质球，将其设置为"VRayMtl"材质，单击"漫反射"后的色块，设置漫反射颜色为默认灰色，反射与折射参数设置如图 11-42 所示，其装饰部分用 11.4.4 节创建的"黑缝"材质即可。

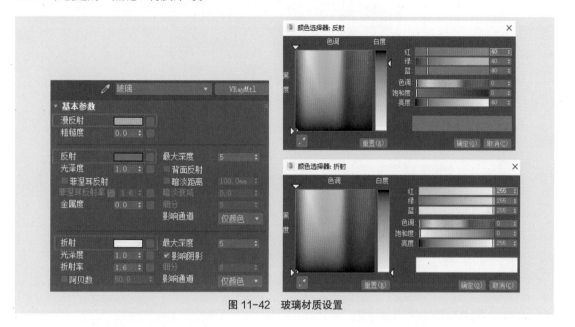

图 11-42 玻璃材质设置

11.4.8 设置浅色沙发材质

（1）按 M 键打开材质编辑器，选择一个空白材质球，将其设置为"VRayMtl"材质，单击"漫反射"右侧的贴图按钮，添加"合成"贴图，单独设置 3 种同一颜色但颜色深度不同的贴图，如图 11-43 所示，再在"贴图"卷展栏中的"凹凸"通道中贴一张深色贴图，如图 11-44 所示。

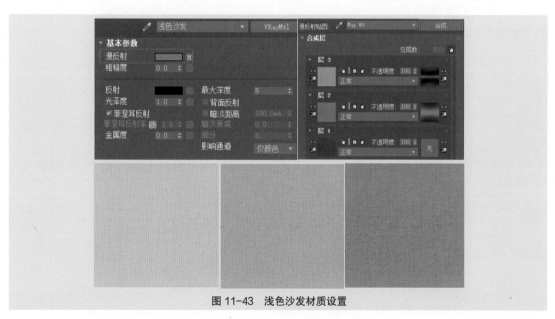

图 11-43 浅色沙发材质设置

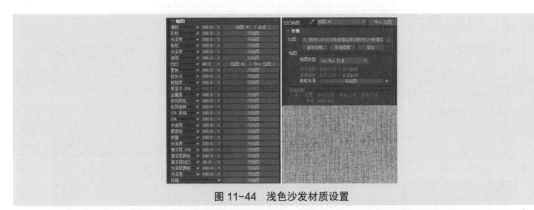

图 11-44　浅色沙发材质设置

（2）设置沙发腿材质。按 M 键打开材质编辑器，选择一个空白材质球，将其设置为"VRayMtl"材质，单击"漫反射"后的色块，将漫反射颜色调为深黑色，如图 11-45 所示。

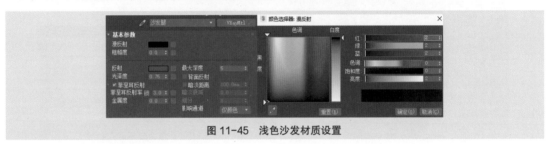

图 11-45　浅色沙发材质设置

11.4.9　设置绿色沙发材质

绿色沙发材质设置与上述浅色沙发材质设置方法一致，只需要替换漫反射贴图。

11.4.10　设置木质茶几材质

按 M 键打开材质编辑器，选择一个空白材质球，将其设置为"VRayMtl"材质，单击"漫反射"右侧的贴图按钮为其添加一个"color Correction"贴图，在"基本参数"卷展栏中设置贴图"位图"为木纹材质，如图 11-46 所示。

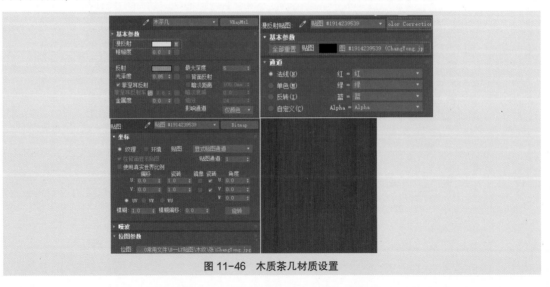

图 11-46　木质茶几材质设置

11.4.11　设置落地灯材质

（1）设置落地灯灯座金属材质。按 M 键打开材质编辑器，选择一个空白材质球并命名为"落地灯灯座"，将其设置为"VRayMtl"材质，单击"漫反射"后面的色块设置颜色，再设置反射程度及光泽度，如图 11-47 所示。

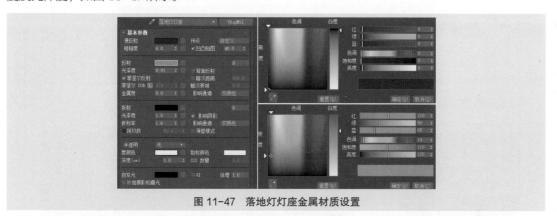

图 11-47　落地灯灯座金属材质设置

（2）设置落地灯灯罩磨砂玻璃材质。按 M 键打开材质编辑器，选择一个空白材质球并命名为"灯罩"，将其设置为"VRayMtl"材质，单击"漫反射"后面的色块设置偏淡黄色的颜色，反射程度全开并设置"光泽度"为 0.3，再设置折射颜色，磨砂玻璃材质的参数设置如图 11-48 所示。

图 11-48　落地灯灯罩磨砂玻璃材质设置

11.4.12　设置室外场景贴图

选择一个空白材质球并命名为"室外夜景"，将其设置为"VRay 灯光材质"并赋予其一个自发光灯光材质，单击"无贴图"按钮增加一张城市夜景位图，保持"倍增"为默认值 1，测试渲染后再进行调整，如图 11-49 所示。选择"修改"命令面板 ，添加"UVW 贴图"中的"Gizmo"修改器，激活"参数"卷展栏中的"长方体"并根据画面调整长度、宽度和高度。

图 11-49　室外场景贴图材质设置

至此，场景的灯光测试和材质设置都已经完成，下面将对场景进行最终渲染设置。

11.5 最终渲染设置

11.5.1 最终测试灯光效果

微课
最终渲染设置

将场景中的"自由灯光"和"目标灯光"的灯光"细分"值设置为20，"细分"参数位于"VRayShadows params"卷展栏中，参数设置如图11-50所示。

场景中材质设置完毕后需要对场景进行渲染，测试渲染效果如图11-51所示。

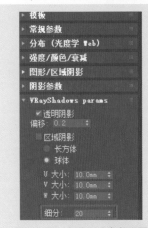
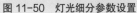

图11-50 灯光细分参数设置

图11-51 测试渲染效果

11.5.2 设置保存发光贴图和灯光缓存的渲染参数

（1）在"渲染设置"窗口的"V-Ray"选项卡的"全局开关"卷展栏中勾选"不渲染最终的图像"复选框，如图11-52所示。

（2）展开"图像过滤器"卷展栏，进行参数设置，如图11-53所示。

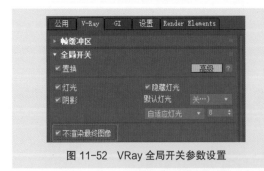

图11-52 VRay 全局开关参数设置

图11-53 VRay 图像过滤器参数设置

（3）进行渲染级别参数设置，展开"发光贴图"卷展栏，进行参数设置，如图11-54所示。

（4）展开"灯光缓存"卷展栏，进行参数设置，如图11-55所示。

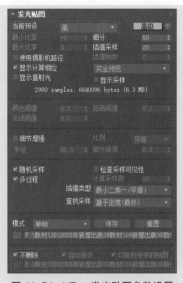

图 11-54　VRay 发光贴图参数设置

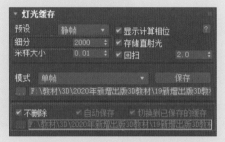

图 11-55　VRay 灯光缓存参数设置

（5）在"公用"选项卡中设置参数，光子图的宽度与高度分别是最终成图宽度与高度的三分之一，参数设置如图 11-56 所示。

由于勾选了"不渲染最终的图像"复选框，因此系统并没有渲染最终的图像，渲染完毕后，发光贴图和灯光贴图会自动保存到指定路径，并在下次渲染时自动调用。

图 11-56　渲染光子图尺寸参数设置

11.5.3　最终渲染成图设置

最终渲染成图的参数设置如下。

（1）当发光贴图和灯光贴图计算完毕后，在"渲染设置"窗口的"公用"选项卡中设置最终渲染图像的输出尺寸，如图 11-57 所示。

（2）在"V-Ray"选项卡的"全局开关"卷展栏中取消勾选"不渲染最终的图像"复选框，如图 11-58 所示。

图 11-57　最终渲染图像参数设置

（3）大图出图参数设置完成之后，在"渲染设置"窗口的"预设"下拉列表框中选择"加载预设"选项，在打开的"选择预设类别"对话框中单击"加载"按钮将刚刚设置好的出图参数进行加载，如图 11-59 所示。这一步主要是为了之后多次渲染不需要重新设置参数。

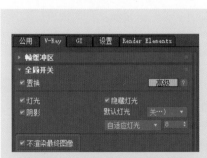

图 11-58　最终渲染图像参数设置

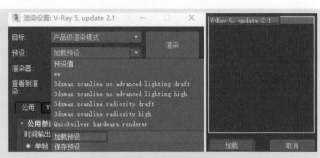

图 11-59　设置"加载预设"

最终渲染效果如图 11-60 所示。

图 11-60 最终渲染效果

（4）将所有灯光进行隐藏，选择"脚本"/"运行脚本"/"材质通道"，脚本会显示出同一摄影机角度的彩色图，按 F10 键，打开"渲染设置"窗口，在"渲染器"下拉列表框中选择"扫描线渲染器"选项进行渲染，最终得出一张与大图大小及渲染角度一致的彩色通道图，如图 11-61 所示。

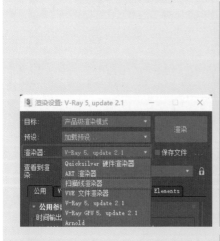

图 11-61 彩色通道图

11.6 效果图后期处理

（1）双击打开 Adobe Photoshop CS6，选择"文件"/"打开"命令，打开渲染大图和彩色通道图，或者直接将图片拖曳至 Photoshop 中打开，导入后 Photoshop 中的"图层"面板如图 11-62 所示，双击"背景"图层进行"解锁"，如图 11-63 所示，解锁之后单击鼠标右键复制备份两个"背景"图层，如图 11-64 所示，将"背景"图层和"图层 1"图层关闭，如图 11-65 所示。

微课

效果图后期处理

图 11-62　导入图层

图 11-63　解锁"背景"图层

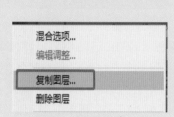

图 11-64　复制"背景"图层

图 11-65　关闭"背景"图层和"图层 1"图层

（2）加强原始画面效果。将"背景 副本 2"图层的图层混合模式改成"正片叠底"并将"不透明度"调整为 30%，如图 11-66 所示。按 Ctrl 键选择两个背景副本图层并单击鼠标右键选择"合并图层"命令合并图层，如图 11-67 所示。

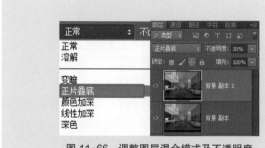

图 11-66　调整图层混合模式及不透明度

图 11-67　合并背景图层

（3）调整整体色阶。单击"图层"面板下方的"创建新的填充或调整图层"按钮选择"色阶"命令，如图 11-68 所示，调整图层的整体色阶，如图 11-69 所示，从画面中可看出整体光亮度已经调整完成。

图 11-68　选择"色阶"命令

图 11-69　调整图层整体色阶

（4）调整色彩平衡。从画面中可以看出整体色彩偏黄，单击"图层"面板下方的"创建新的填充或调整图层"按钮，选择"色彩平衡"命令，如图 11-70 所示，调整的原则是增加画面中的环境色"紫色"并将环境色融入画面中使其中和掉黄色，具体参数如图 11-71 所示，调整后的效果如图 11-72 所示。

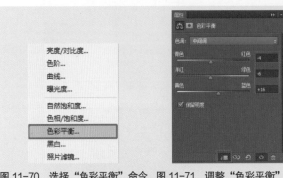 

图 11-70　选择"色彩平衡"命令　图 11-71　调整"色彩平衡"参数　　　　图 11-72　调整后的效果

（5）调整图纸细节。从图纸可以看出画面中接待台和电脑区域的光感有点强，且色彩跟原本白色石材的偏差较大。调整单独区域需要用彩色通道图，具体步骤是将"图层 1"图层调至"图层"面板最上方，使用"魔棒工具" 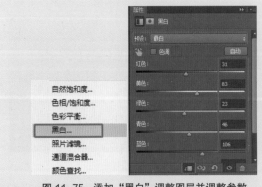选择接待台区域，如图 11-73 所示，关闭"图层 1"图层，回到"背景 副本 2"图层，按组合键 Ctrl+J 将选区创建为图层，如图 11-74 所示，再单击"图层"面板下方的"创建新的填充或调整图层"按钮，选择"黑白"命令，为该图层添加"黑白"调整图层并进行参数调整，具体参数设置如图 11-75 所示，调整后的接待台效果如图 11-76 所示。

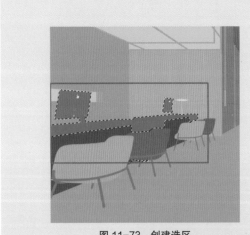 

图 11-73　创建选区　　　　　　　　　　图 11-74　将选区创建为图层

图 11-75　添加"黑白"调整图层并调整参数　　　　图 11-76　调整后的接待台效果

（6）接待台的色彩跟整体空间不是很融合，单击"图层"面板下方的"创建新的填充或调整图层"按钮，选择"色彩平衡"命令，添加"色彩平衡"调整图层进行调整，参数如图 11-77 所示，调整后的接待台效果如图 11-78 所示。

图 11-77 添加"色彩平衡"调整图层

图 11-78 调整后的接待台效果

（7）调整室外天空。从当前画面中可以看出室外天空过亮，回到"图层 1"图层，用"魔棒工具"选择天空区域，注意此处不要勾选"连续"复选框，这样才能全选该区域色彩，如图 11-79 所示，选择后的效果如图 11-80 所示。

图 11-79 勾选"连续"复选框

图 11-80 选择天空区域

（8）关闭"图层 1"图层并设置当前图层为"背景 副本 2"，如图 11-81 所示，按组合键 Ctrl+J 将选区创建为新图层并重命名图层为"室外天空"，如图 11-82 所示，单击"图层"面板下方的"创建新的填充或调整图层"按钮，选择"亮度 / 对比度"命令，为"室外天空"图层添加一个"亮度 / 对比度"调整图层，具体参数调整如图 11-83 所示，调整后的天空如图 11-84 所示。

（9）调整玻璃。回到"图层 1"图层，用"魔棒工具"选择天空区域，注意此处要勾选"连续"复选框才能全选该区域色彩，按 Alt 键将多余区域减选，如图 11-85 所示。关闭"图层 1"图层回到"背景 副本 2"图层，按组合键 Ctrl+J 将选区创建为新图层，复制新图层并调整图层混合模式为"线性减淡（添加）"，调整其不透明度，具体如图 11-86 所示。

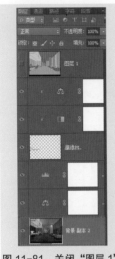

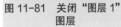

图 11-81　关闭"图层 1"
图层　　　图 11-82　创建新图层　　　图 11-83　添加"亮度 /
对比度"调整图层　　　图 11-84　调整后的天空

（10）合成图层。当前图层回到最上面图层，如图 11-87 所示，按组合键 Ctrl+Shift+Alt+E
合并图层，如图 11-88 所示，按快捷键 C 调整构图。

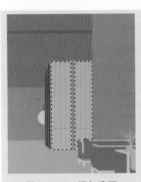

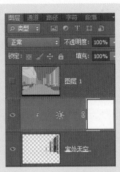

图 11-85　添加选区　　　图 11-86　调整后的玻璃　　　图 11-87　当前图层位置　　　图 11-88　合并图层

（11）为了凸显画面重点区域，选择"矩形选框工具"并设置"羽化"为 40 像素，绘制选区，
如图 11-89 所示，按组合键 Ctrl+J 将选区创建为新图层，再调整新图层的图层混合模式为"滤色"，
调整"不透明度"为 10%，如图 11-90 所示。

图 11-89　"羽化值"40 像素　　　图 11-90　设置"滤色"图层混合模式

最终完成效果图的调整，将文件存储为 PSD 格式，并存储 TIF、PNG、JPG 格式图片，最终效
果如图 11-91 所示。

图 11-91　最终效果

项目小结

（1）学会分析酒店大堂空间场景中的灯光氛围，了解以偏向于夜晚并以室内光照为主要光源的设置更能突出室内空间的陈设及软装。

（2）学会分析酒店大堂空间场景中的材质构成，能够对石材、布纹、皮革、透光板等材质属性及搭配分析，再通过材质编辑器设置材质属性并不断调整细节参数。

（3）了解渲染设置，了解测试渲染与最终渲染的区别，并熟练掌握测试渲染、光子渲染、最终渲染的参数选项设置及彩色通道图的出图设置。

（4）了解效果图后期处理，确保导入彩色通道图与渲染效果图大小尺寸一致。首先从整体分析渲染效果图并进行调整，再通过彩色通道图局部选取地面室外天空、石材区域进行局部调整，最后从整体出发调整整体效果图的明暗色调和前后空间关系感。

拓展实训

参照本书配套资源项目 11 中的拓展实训文件，打开渲染文件里面的"源文件"模型文件，参照"效果文件"模型，设置渲染参数，分别创建场景中的灯光与材质，最终完成图 11-92 所示的效果。

图 11-92　酒店大厅效果

项目 12

12

复古茶馆室内效果图
后期处理

　　本项目主要讲解空间设计效果图的后期处理。在空间效果图制作方面，后期处理部分非常重要，前期效果图的灯光与材质体现不到位的地方，都可以借助 Photoshop 强大的图像编辑功能进行弥补修整及场景氛围的再塑造。本项目通过列举室内等空间类型的效果图实例来对相关知识点进行讲解。

学习目标

1. 掌握 Photoshop 后期效果图制作
2. 掌握局部特殊效果处理
3. 掌握整体场景效果的调整
4. 掌握场景配景的添加

在室内效果图的绘制过程中，后期处理对于提高出图速度及画面氛围的营造，都有非常重要的作用。从渲染出来的效果图来看，大致的画面效果基本正常，但细节的处理有所欠缺，如天光对整个室内色彩的影响不足、光线投影在室内的个别对象上让画面显得过于凌乱、画面左侧部分的光影气氛营造得不够等。因此，需要使用 Photoshop 有意识地去修正渲染大图所呈现出来的画面不足，下面我们将通过复古茶馆室内设计案例来进行讲解。

12.1 制作分析

把渲染小样和最后成图放在一起进行比较，如图 12-1 和图 12-2 所示。

图 12-1　渲染完成图

图 12-2　Photoshop 处理后的图

渲染小样需要改进的部分如下。

① 光线带来的色彩变化不足，室内外缺乏通透感、空气感，给人的感觉较沉闷。

② 室内对象明暗关系不够明确。

③ 局部缺乏色彩和光影的细节变化。

对于想要表达的空间特点，在具有美感及合理的情况下可以自由发挥设计，但在制作过程当中要反映出主题思想，画面尽可能简洁。

微课
制作分析

12.2 打开成品图及通道文件

（1）打开 Photoshop，选择"文件"/"打开"命令，导入渲染出的成品图和彩色通道图，如图 12-3 所示。

微课
打开成品图及
通道文件

图 12-3　导入渲染成品图及彩色通道图

（2）按住 Shift 键并配合"移动工具" ▶╋ 将通道图拖曳到成品图文件中，这时在成品图文件的图层中增加了一个通道图层，如图 12-4 所示。

（3）复制原始图层背景作为备份图层。在后期调整画图时，复制"背景"图层并创建一个"背景 副本"图层作为备份是非常必要的，如图 12-5 所示。

图 12-4　增加通道图层

图 12-5　创建"背景 副本"图层

12.3　调整局部效果

因为本案例输出的成品图的画面的大体关系基本正常，亮度、对比度、色彩等方面没有太多需要整体调整的，因此，可以直接开始调整局部效果。

微课

调整局部效果

1. 调整地面

地面给人的感觉有些飘浮，主要原因是地面的明暗对比度不够且颜色缺乏变化。这可以通过蒙版、曲线等命令达到理想的效果。

（1）通过通道选取地面区域，使用组合键 Ctrl+J 将选区创建为新图层"图层 2"，如图 12-6 所示。

（2）为了方便查找，双击"图层2"，将"图层2"重命名为"地面"，如图12-7所示。

图12-6　创建"图层2"图层　　　　　　　　　图12-7　更改新建图层名称

（3）单击"地面"图层，对其使用"快速蒙版"命令，配合"画笔工具" ✐，选择需要调整的地面区域，如图12-8所示。

（4）单击"快速蒙版"，使红色区域处于浮动选择状态并创建选区，如图12-9所示。

图12-8　创建快速蒙版　　　　　　　　　图12-9　选区处于浮动选择状态

（5）选择"图像"/"调整"/"曲线"命令，对选区进行调整，如图12-10所示。

（6）地面最终效果如图12-11所示。

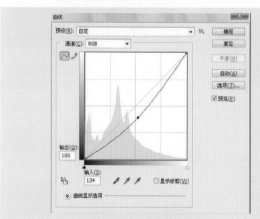

图12-10　调整选区部分　　　　　　　　　图12-11　地面最终效果

2. 地面污渍处理

为了加强地面的真实感，在地面的位置贴入一张黑白贴图。

（1）打开一张黑白贴图，如图 12-12 所示。

（2）将黑白贴图粘贴到场景文件中，配合组合键 Ctrl+T 进行调整，如图 12-13 所示。

图 12-12　黑白贴图　　　　　　　图 12-13　调整贴图

（3）将黑白贴图控制在地面区域，如图 12-14 所示。

（4）设置图层混合模式为"柔光"，如图 12-15 所示。

（5）调整后的效果如图 12-16 所示。

图 12-14　调地面贴图区域　　　图 12-15　设置图层混合模式　　　图 12-16　调整后的效果
为"柔光"

3. 调整桌椅腿

为了将画面中对象的上下层次拉得更开，需要对画面中的桌椅腿进行调整。

（1）通过通道选取桌椅腿区域，使用组合键 Ctrl+J 创建形成图层"桌椅腿"，如图 12-17 所示。

（2）选择"图像"/"调整"/"曲线"命令，将地面的亮度适当减弱，如图 12-18 所示。

（3）调整后的效果如图 12-19 所示。

（4）为了拉开画面的前后关系，增强空间感，选择中间部位的桌腿进行提亮处理，最终效果如图 12-20 所示。

图 12-17 创建"桌椅腿"图层

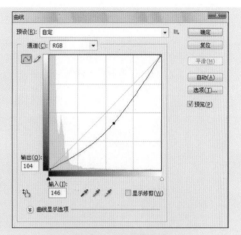

图 12-18 调整曲线

图 12-19 调整后的效果

图 12-20 桌椅腿最终效果

4. 调整柜面

因为光影关系比较复杂，所以柜面看上去比较凌乱，需要调整。

（1）通过通道选取柜面区域，使用组合键 Ctrl+J 创建形成"柜面"图层，如图 12-21 所示。

（2）选择"滤镜"/"模糊"/"动感模糊"命令，如图 12-22 所示。

图 12-21 创建"柜面"图层

图 12-22 添加滤镜

（3）柜面调整后的效果如图 12-23 所示，整体效果如图 12-24 所示。

图 12-23　调整后的柜面效果

图 12-24　整体效果

5. 调整瓷缸

（1）通过通道选取瓷缸区域，使用组合键 Ctrl+J 创建形成"瓷缸"图层，如图 12-25 所示。

（2）使用"快速蒙版"选取瓷缸右侧部分，如图 12-26 所示。

图 12-25　创建"瓷缸"图层

图 12-26　快速蒙版选中选区

（3）选择"图像"/"调整"/"曲线"命令，将选区调暗，如图 12-27 所示。

（4）调整后的效果如图 12-28 所示。

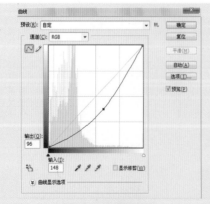

图 12-27　调整曲线

图 12-28　调整后的效果

6. 调整门窗隔断

（1）通过通道选取门窗隔断区域，使用组合键 Ctrl+J，创建形成"门窗隔断"图层，如图 12-29 所示。

（2）选择"图像"/"调整"/"曲线"命令，将"门窗隔断"图层调暗，如图 12-30 所示。

图 12-29　创建"门窗隔断"

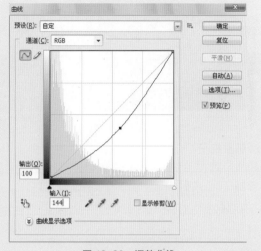

图 12-30　调整曲线

（3）调整前后的效果对比如图 12-31 所示。

图 12-31　调整前后效果对比

7. 调整隔断

（1）在"门窗隔断"图层中选取隔断区域。

（2）配合组合键 Ctrl+J 创建"隔断"图层，如图 12-32 所示。

（3）选择"图像"/"调整"/"曲线"命令，提亮"隔断"图层，效果如图 12-33 所示。

图 12-32　创建"隔断"图层

图 12-33　调整曲线提亮

8. 调整柱子

柱子在整个画面中起到了支撑整个空间结构的作用，为了加强柱子的稳定感，要对其进行调整。

（1）通过通道选取柱子区域，使用组合键 Ctrl+J 创建形成"柱子"图层，如图 12-34 所示。

（2）选择"图像"/"调整"/"色相"/"饱和度"命令，降低饱和度，如图 12-35 所示。调整后的效果如图 12-36 所示。

图 12-34　创建"柱子"图层

图 12-35　调整"色相 / 饱和度"

图 12-36　调整后的效果

（3）使用选择工具，将"羽化"设为 80 像素，选择柱子上、下两个部分，如图 12-37 所示。选择"图像"/"调整"/"曲线"命令，将上、下两个部分调暗。

（4）考虑到柱子下部受地面反光的影响，将柱子下部选中，适当提亮，效果如图 12-38 所示。

图 12-37　调暗框选区域

图 12-38　调整后效果

（5）打开一张黑白贴图，如图 12-39 所示。为了得到柱子光影斑驳的效果，加强柱子的真实感，需将黑白贴图拖曳到场景文件中，如图 12-40 所示。在"图层"面板选择"叠加"图层混合模式，如图 12-41 所示。

图 12-39　打开黑白贴图

图 12-40　将贴图拖曳到场景中

图 12-41　选择"叠加"图层混合模式

（6）选择"叠加"图层混合模式后，画面效果如图 12-42 所示。选择柱子部分，配合组合键 Ctrl+Shift+I，在黑白图层中将所选区域删除，如图 12-43 所示。

图 12-42　选择"叠加"图层混合模式后的效果

图 12-43　删除所选区域

9.调整门板

（1）通过通道选取门板区域，使用组合键 Ctrl+J 创建形成"门板"图层，如图 12-44 所示。

（2）选择"图像"/"调整"/"曲线"命令，将"门板"图层调暗，如图 12-45 所示。

图 12-44　创建"门板"图层

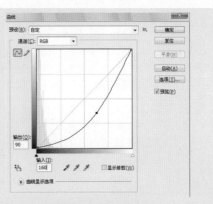

图 12-45　调整曲线

（3）调整前后的效果对比如图12-46所示。

图12-46　调整前后效果对比

10. 调整墙面

（1）通过通道选取门板区域，使用组合键Ctrl+J创建形成"墙面"图层，如图12-47所示。

（2）使用选择工具，调整"羽化值"为50，选中墙面受光部分，如图12-48所示。

图12-47　创建"墙面"图层

图12-48　选中墙面受光部分

（3）选择"图像"/"调整"/"曲线"命令，将选区调亮，调整前后的效果对比如图12-49所示。

图12-49　调整前后效果对比

12.4 调整整体场景效果

选择最上方的"墙面"图层，按组合键 Shift+Ctrl+Alt+E（盖印），新建"盖印"图层。

1. 雾化效果

（1）在"盖印"图层上方添加一个新的图层，并填充为黑色，将图层混合模式设置"滤色"，如图 12-50 所示。

微课

调整整体场景效果

（2）将前景色设置为白色，选择"画笔工具" ✎，将画笔设置为柔和边缘，并将"不透明度"设置为 20%，在"图层 1"图层上进行涂抹，绘制出比较自然的雾化效果，并通过调整"图层 1"图层的不透明度来调整雾的浓度，如图 12-51 所示。合并"图层 1"与"盖印"图层。

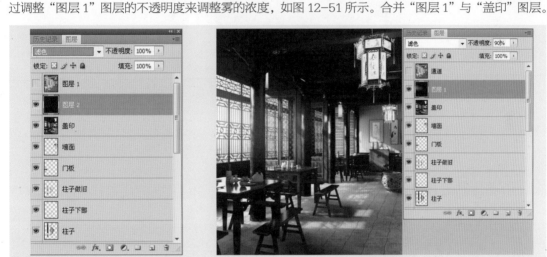

图 12-50　调整图层模式为"滤色"　　　　图 12-51　绘制自然的雾效果

205

2. 高斯模糊

（1）选择"椭圆选框工具" ⊙，将"羽化"设为 150 像素，框选选区，如图 12-52 所示。按组合键 Shift+Ctrl+I 得到反向选区。

（2）选择"滤镜"/"模糊"/"高斯模糊"命令，打开"高斯模糊"对话框，参数设置如图 12-53 所示。

（3）得出模糊效果后，可以通过调整图层的不透明度控制高斯模糊的程度，如图 12-54 所示。

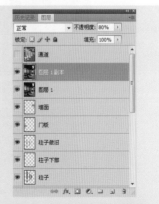

图 12-52　框选选区　　　　　　图 12-53　添加滤镜　　　　　　图 12-54　调整图层的不透明度

复古茶馆效果图后期处理得到的最终效果如图 12-55 所示。

图 12-55　最终效果图

项目小结

本项目主要讲解室内空间设计效果图的后期处理。首先进行 Photoshop 后期效果图制作分析，对渲染小样需要改进的部分进行梳理；接下来进行局部特殊效果处理，分别对地面、天花板、立面、软装等细节进行调整；最后通过雾化、模糊、锐化等工具进行整体效果调整，完成后期处理最终效果。

拓展实训

参照本书配套资源中的拓展实训文件，打开渲染文件夹里面的"源文件"模型文件，参照"效果文件"，最终完成配套资源中的后期处理效果，如图 12-56 所示。

图 12-56　拓展实训最终效果参考